Hesse/Schrader

Die 100 wichtigsten Tipps zum

Assessment Center

Für eine optimale Vorbereitung
in kürzester Zeit

Die Autoren
Jürgen Hesse, Jg. 1951, geschäftsführender Diplom-Psychologe im
Büro für Berufsstrategie, Berlin.
Hans Christian Schrader, Jg. 1952, Diplom-Psychologe in
Baden-Württemberg.

Anschrift der Autoren
Hesse / Schrader
Büro für Berufsstrategie
Oranienburger Straße 4 – 5
10178 Berlin
Tel. 030 / 28 88 57-0
Fax 030 / 28 88 57-36
E-Mail info@hesseschrader.com
www.hesseschrader.com

 Zusätzlich zu diesem Buch erhalten Sie folgenden **Online Content:**
- kostenlose Downloads
- Erfahrungsberichte
- Tests

Gehen Sie auf die Seite **www.pearson.de/onlinecontent**
Geben Sie unten bei „Nach Downloads suchen" die
Verlags-Nr. E10144D ein.

ISBN 978-3-8490-1463-6

© 2021 Stark Verlag GmbH
1. Auflage 2015
www.berufundkarriere.de

Inhalt

Fast Reader

Assessment Center (Abkürzung: AC) werden sehr häufig bei der Personalauswahl eingesetzt. Viele Berufs- Ein-, Um- und Aufsteiger/ -innen* sind mit ihnen konfrontiert. Wir wollen Ihnen helfen, dieses Auswahlverfahren besser zu verstehen, schneller zu durchschauen und erfolgeicher zu bewältigen – mit den 100 wichtigsten Tipps zum Assessment Center.

Die Themen

> Was bei einem Assessment Center auf Sie zukommt (Seite 13 ff.)
> Was Ihnen in der Vorbereitung wirklich weiterhelfen wird (Seite 23 ff.)
> Nach welchen Kriterien geprüft wird (Seite 31 ff.)
> Was bereits vorab auf Sie zukommen kann (Seite 49 ff.) und
> Warum Sie auch in den Pausen wachsam bleiben sollten! (Seite 157 f.)

Sie finden Orientierung, Unterstützung und eine hilfreiche Erweiterung Ihrer Sicht- und Beurteilungsweise hier auf den nächsten Seiten. Wer beispielsweise in ein Trainee-Programm einsteigen will oder eine Führungsposition anstrebt – kurz: wer zur großen Karriere ansetzt, der kommt am Assessment Center kaum noch vorbei. Aber auch angehende Azubis müssen sich dieser Methode, oder zumindest Teilen davon, stellen. Viele Unternehmen setzen auf das wohl härteste, jedoch keineswegs unumstrittene Auswahlverfahren und wir zeigen Ihnen, worauf es für Sie dabei ankommt. Zwar ist der Begriff Assessment Center (AC) vielen bekannt, aber nur wenige wissen genau, was es damit auf sich hat. Deshalb hier die 100 wichtigsten Tipps.

---

* Wenn im Folgenden überwiegend die männliche Form verwendet wird, dann wirklich ausschließlich, um den Lesefluss zu erleichtern.

Übrigens: Auf der Webseite **www.pearson.de/onlinecontent** haben wir für Sie einen kurzen inhaltlichen Überblick, 10 Merksätze, AC-Berichte und noch mehr AC-Übungsaufgaben zur Unterstützung zum kostenlosen Download bereitgestellt.

Wenn Sie nur sehr begrenzt Zeit haben, sollten Sie zuerst diese 10 Tipps lesen (Zeit etwa 20 Minuten)

Tipp …

Das wäre unsere Leseempfehlung für eine zweite, erweiterte Runde (Zeit etwa 20 Minuten)

Tipp …

Was ein Assessment Center (AC) ist, worum es geht, worauf es ankommt und wie Sie es erfolgreich bestehen ...

... genau das werden wir Ihnen hier schnell, aber doch umfassend und fundiert vermitteln. Dabei geht es uns darum, Ihnen eine erste Orientierung anzubieten, Sie bei der Vorbereitung optimal zu unterstützen und Ihnen den richtigen Blick für den Hintergrund und die Auswahlkriterien zu geben, auf die es bei diesem besonderen Auswahlverfahren ankommt. Alles, damit Sie ein Assessment Center erfolgreich bestehen!

Bemerkenswert ist, wofür das Assessment Center (AC) ursprünglich entwickelt wurde und was man darunter heutzutage versteht. Wer ACs bei wem und warum einsetzt, erfahren Sie hier in aller gebotenen Kürze

Zum Hintergrund und besseren Verständnis

So kann man das Assessment Center definieren

Ein Assessment Center – könnte man sagen – ist ein Prüf- und Ausleseverfahren, bei dem man durch eine Gruppe von Beobachtern eine Anzahl von Bewerbern für ein Unternehmen oder bereits fest angestellte Mitarbeiter bei der Bewältigung von Aufgaben beobachten lässt. Man hofft, aus der Beobachtung eine Vorhersage abzuleiten, wie sich diese zukünftig bei der Lösung von realen Arbeitsaufgaben und in der Zusammenarbeit mit Vorgesetzten, Kollegen, aber auch Kunden verhalten bzw. bewähren werden.

Von Arbeitgeberseite wird das AC gern als eine Art „Röntgengerät" der Personalauslese gesehen. Ob es wirklich dafür geeignet ist, darüber gehen die Meinungen stark auseinander. Es handelt sich jedenfalls um eine von Unternehmen / Organisationen genutzte Methode, gezielt Mitarbeiter auszuwählen.

Einer – schon etwas älteren, aber nach wie vor sehr treffenden – Definition von Wolfgang Jeserich, einem der „AC-Päpste", zufolge geht es bei einem Assessment Center um ein systematisches Verfahren „zur qualifizierten Feststellung von Verhaltensleistungen bzw. Verhaltensdefiziten, das von mehreren Beobachtern gleichzeitig für mehrere Teilnehmer in Bezug auf vorher definierte Anforderungen angewandt wird" (Jeserich, W.: *Mitarbeiter auswählen und fördern*, München / Wien 1981, Seite 33).

Etwas salopper formuliert: Für uns sind ACs eine bunte Mischung aus subtilen Psychotests zur Personalauslese, eine sehr spezielle Art von Personalauswahl-Prüfungen. Sie sind Ihnen übrigens unter anderem Namen bereits aus Grimms Märchen bekannt, in denen angehende Helden oder Freier von Königstöchtern nicht ohne das Bestehen gewisser Prüfungen zum Ziel bzw. Erfolg kommen können.

Man lese und staune: Deutsche Wehrmachtspsychologen entwickelten es und in den 1920er-Jahren wurde es zuerst zur Auslese des Offiziersnachwuchses eingesetzt. Ab 1927 durfte kein Offizier der Reichswehr ernannt werden, der das sogenannte heerespsychotechnische Auswahlverfahren nicht erfolgreich durchlaufen hatte.

In den 1950er-Jahren hat man es in den USA weiterentwickelt, wo es längst routinemäßig zur Personalauswahl herangezogen wird. Seit Mitte der 1970er-Jahre werden Assessment Center auch wieder im deutschsprachigen Raum angewendet.

In Deutschland laden einige 10 000 Unternehmen Bewerber zum Assessment Center ein, um „auf Teufel komm raus" zu testen, ob die Kandidaten zum Unternehmen passen, wo ihre Stärken und Schwächen liegen etc. 85 Prozent der großen deutschen Konzerne „schleusen" in erster Linie Hochschulabsolventen der Betriebswirtschaftslehre und Ingenieure durch diese Prozedur.

Aber auch wer die Beamtenlaufbahn einschlagen will oder Offizier werden möchte, muss mit einem Auswahl-AC rechnen.

Das AC gilt als das härteste Personalauswahlverfahren

Was immer Sie als Assessment-Center-Kandidat für Aufgaben bekommen, es wird versucht, Sie mit den anderen AC-Kandidaten zu vergleichen, Sie einzuschätzen, Ihnen möglichst hinter die Fassade zu schauen. Ein oder mehrere Tage am Stück unter Zeitdruck und permanenter Kontrolle – kein Wunder, dass sich so mancher AC-Teilnehmer hinterher erschöpft und ausgelaugt fühlt wie ein Zehnkämpfer nach der letzten Disziplin.

Hinzu kommt, dass Sie sich als unfreiwillig-freiwilliger Teilnehmer auf ganz unterschiedliche Aufgaben einstellen müssen und nicht selten mitten in einer Übung unterbrochen werden, um dann schnell eine andere Aufgabe zu lösen. Beim AC wird man häufig systematisch in die Enge getrieben. Getestet wird vor allem, wie es um Ihre Frustra-tionstoleranz und Stressresistenz steht. Dass man da Nerven wie Drahtseile braucht, versteht sich von selbst. Schlecht beraten ist, wer sich darauf nicht vorbereitet.

Und wurden bis vor einigen Jahren lediglich oder überwiegend Führungskräfte mit einem Assessment Center konfrontiert, sind diese Zeiten definitiv vorbei. Wer sich heutzutage um einen Ausbildungsplatz bei einer Bank, einer Versicherung, für die Beamtenlaufbahn oder sogar im Reisebüro bewirbt, muss ebenso mit diesem Verfahren oder zumindest Teilaufgaben davon rechnen wie der BWL-Hochschulabsolvent als Einsteiger und der promovierte Diplom-Bibliothekar, der den Aufstieg versuchen will.

Ein Assessment Center kann von mehreren Stunden über einen halben Tag bis zu einigen Tagen dauern. Meist sind es jedoch nur ein bis eineinhalb Tage. Über diesen Zeitraum beobachtet Sie eine Prüfungskommission (meist Führungskräfte des Unternehmens – siehe auch Tipp 6).

Ablauf und Aufgaben eines typischen Bank-ACs für einen Trainee-Platz

1. Tag

8.00 – 9.30	**Einführung** Allen Teilnehmern werden das AC, dessen Transparenz und Objektivität erläutert. Der genaue Zeitplan und der Ablauf werden bekannt gegeben. Die AC-Beobachter und -Moderatoren stellen sich vor. Im Anschluss daran Vorstellung der Teilnehmer, jeder stellt aber nicht sich selbst, sondern seinen Nachbarn vor.
9.30 – 10.30	**Gruppendiskussion** Sechs Bewerber, vier Beurteiler. Jeder erhält eine kurze Aufgabenbeschreibung. In dieser führerlosen Gruppendiskussion wird ein betriebswirtschaftlichgesellschaftspolitisches Thema diskutiert und ein Maßnahmenkatalog von den Teilnehmern erarbeitet.
10.30 – 11.00	**Kaffeetrinken/Small Talk**
11.00 – 13.00	**Kombinierte Einzel- und Gruppenübung** Jeder Teilnehmer bekommt schriftliche Unterlagen einer Fallstudie, die er 30 Minuten alleine bearbei-

tet und über die er ein Kurzgutachten erstellt (Thema: ein personalpolitischer Fall). Anschließend gibt es für alle Gruppenteilnehmer weitere Unterlagen zu diesem Fall und auf Grundlage der individuellen Ergebnisse muss jetzt die Gruppe insgesamt das Problem weiter bearbeiten.

13.00 – 14.30	Gemeinsames Mittagessen aller AC-Teilnehmer
14.30 – 15.30	Rollenspiel Verhandlung

Zwei Bewerber und jeweils zwei Beobachter. Jeder Bewerber bekommt eine zwei Seiten umfassende Rollen-anweisung und 20 Minuten Vorbereitungszeit. Rollen: Einkäufer und Verkäufer. Anschließend findet ein simuliertes Verkaufs- und Verhandlungsgespräch statt, bei dem ein Verkaufs-/Einkaufsergebnis zu erzielen ist.

15.30 – 16.15	Kaffeepause / Small Talk
16.15 – 17.00	Vorbereitung / Präsentation

Jeder Bewerber bekommt einen 20-seitigen betriebswirtschaftlichen Text, der zusammengefasst und im Anschluss vorgetragen werden muss.

17.00 – 18.00	Präsentation

Ein Bewerber, zwei Beobachter. Der bearbeitete Text muss innerhalb von zehn Minuten vorgetragen werden. Die Beobachter bleiben passive Zuhörer.

18.00 – 19.00	Zwischenbilanz

Alle AC-Teilnehmer tauschen sich aus, sprechen über positive und negative Aspekte und Eindrücke des ersten Tages.

20.00 – 21.00	Gemeinsames Abendessen
21.00 – 21.45	Informationen über Trainee-Programm und Aufstiegsmöglichkeiten

2. Tag

9.00 – 9.45	Interview 1 Bewerber / Beobachter (Vier-Augen-Gespräch) Themen: Lebenslauf, Motive der Berufswahl, Karriere- und Zukunftspläne, Sprachkenntnisse, Sonstiges
9.45 – 10.00	Kaffeepause / Small Talk
10.00 – 10.45	Interview 2 Bewerber/anderer Beobachter (Vier-Augen-Gespräch) (gleiche Themen wie im ersten Gespräch)
10.45 – 13.00	Testbatterie (Intelligenz-, Leistungs-/ Konzentrations- und Persönlichkeitstests)
13.15 – 14.00	Gemeinsames Mittagessen
14.00 – 14.30	Gruppenabschlussgespräch Ende der Veranstaltung für die Teilnehmer
15.00 – 21.00	Auswahlkonferenz AC-Beobachter und -Moderatoren treffen sich zur Ergebnisdiskussion und -findung. Jeder einzelne AC-Kandidat wird ausführlich besprochen, die Verlierer verabschiedet.

•••

Unter **www.pearson.de/onlinecontent** haben wir für Sie Berichte von AC-Teilnehmern zusammengestellt

Was sich die Veranstalter von einem Assessment Center versprechen

Es ist klar, dass jedes Unternehmen für sich nur die Rosinen aus dem Bewerberkuchen, sprich die besten Mitarbeiter, herauspicken will. Um diesen Wunsch Wirklichkeit werden zu lassen, haben sich patente, geschäftstüchtige Köpfe die Vermarktung des AC-Personalausleseverfahrens auf ihre Fahnen geschrieben. Und das mit entsprechendem kommerziellem Erfolg.

Was steckt dahinter? Unter der Annahme, dass ein Arbeitsplatz ganz bestimmte Eignungs- und Persönlichkeitsmerkmale von seinem Inhaber verlangt, versucht der AC-Konstrukteur, eben diese herauszufiltern und in von ihm erdachten angeblich realitätsgerechten Übungen zu überprüfen. Im AC stehen Sie auf dem Prüfstand. Herausgefunden werden soll, ob Sie das Zeug zum fähigen Mitarbeiter, gegebenenfalls zur Führungskraft haben.

Ein guter Mitarbeiter, eine „ideale" Führungskraft zeichnet sich u. a. durch folgende Fähigkeiten und Eigenschaften aus:

1. hohe soziale Kompetenz, angenehm im persönlichen Umgang,
2. klares systematisch-zielorientiertes Denken, Planen und Handeln,
3. deutliches Aktivitätspotenzial, Leistungsmotivation, strukturierte Arbeits- und Vorgehensweise,
4. gute verbale und schriftliche Ausdrucksfähigkeit, ausgeprägt starke Kontakt- und Kommunikationsfähigkeit.

Abhängig von der Zahl der Bewerber müssen Sie im Assessment Center mit drei bis sechs Assessoren – man nennt sie auch Beobachter – rechnen. Sie repräsentieren die Auswähler, die Arbeitsplatzvergeber, deren Daumenrichtung nach oben oder unten letztlich entscheidend ist. Das ist Ihr Publikum, lieber AC-Kandidat, die Prüfungskommission, die vergleichbar mit Eiskunstlaufrichtern ihre Noten, ihre Bewertungen abgibt und damit über Wohl und Wehe entscheidet.

Neben den Assessoren tritt bisweilen auch ein sogenannter Moderator auf (z. B. eine Führungskraft der Firma oder ein Mitarbeiter des für die Durchführung eines Assessment Centers beauftragten Unternehmens). Seine Aufgabe besteht darin, wie ein Fernsehconférencier die einführenden und überleitenden Worte zu den einzelnen AC-Aufgaben zu finden und den organisatorischen Ablauf zu gewährleisten. Er weist Beobachter und Teilnehmer ein und steuert den Gesamtablauf.

Meist ist es der Moderator, der das AC vorbereitet, Übungen auswählt, eventuell sogar neue konstruiert und den Zeitplan festlegt. Manche Moderatoren verstehen sich auch als Unterhalter und versuchen mit mehr oder weniger gelungenen Witzchen, die Kandidaten etwas aufzulockern.

Ihre Mitkandidaten sind Bewerber, die sich neu für eine Mitarbeit bewerben und ausgewählt worden sind, oder/und Mitarbeiter, die bereits seit geraumer Zeit für das Unternehmen arbeiten und von ihren Vorgesetzten für einen internen Aufstieg vorgeschlagen wurden. Bei beiden Personengruppen soll geprüft werden, ob sie über das Potenzial verfügen, den täglichen An- und Herausforderungen erfolgreich zu begegnen. Selten mischt man diese Gruppen, aber auch das ist schon vorgekommen. Meistens jedoch führt man ein AC lediglich mit externen oder internen Kandidaten durch.

Auf den Punkt gebracht: Wer wirkt beim Assessment Center mit?

> Die Hauptdarsteller sind die Kandidaten – also auch Sie.
> Die Assessoren sind eine Art Jury/Schiedsrichter/Bewertungsgremium.
> Der oder die Moderatoren – manchmal gibt es zwei, häufiger aber lediglich einen – begleiten und moderieren in der Art eines Conférenciers den gesamten Ablauf.

Das ist schon die alles entscheidende Botschaft und Quint-essenz: Wenn Sie sich bewusst mit diesem Thema ausei-nandersetzen (und das tun Sie ja gerade), sind Sie auf dem richtigen Weg. Ohne eine gewisse Vorbereitung, ohne das Bewusstsein, worum es wirklich geht und worauf es wirk-lich ankommt, haben Sie schlechte Chancen. Aber: Es soll immer noch AC-Kandidaten geben, die sich vorher nicht mit den Hintergründen eines ACs beschäftigt haben.

Die gezielte Vorbereitung

Psychologen, Personalabteilungen und Unternehmen haben sich zahlreiche Begriffe einfallen lassen, um das Assessment Center umzubenennen – vielleicht, um ihr Auswahlverfahren zu verschleiern, vielleicht auch nur aus Imagegründen. Wenn Sie also demnächst an einem Management- bzw. Personalentwicklungsseminar, einem Führungskräfte-Potenzialtest, Qualifizierungsworkshop oder schlicht Auswahl-, Förderungs-, Beurteilungs-, Qualifikations-, Entwicklungsseminar teilnehmen, wissen Sie, dass Sie sich auf ein AC einstellen können.

Empfehlung

Weil es für den Bewerber nicht ganz leicht zu durchschauen ist, was ihn erwartet, empfehlen wir Ihnen bei dem Unternehmen anzurufen. Vielleicht gibt man Ihnen Informationen oder sogar Tipps, womit Sie zu rechnen haben, was da an Anforderungen auf Sie zukommt und wie viel Zeit Sie einplanen müssen.

Für den Fall, dass man Ihnen keine Auskunft gibt – setzen Sie unbedingt auch andere Hebel in Bewegung, um möglichst gut vorbereitet an den Start zu gehen (siehe Tipp 100). Vielleicht erfahren Sie im Zuge Ihrer Recherche ja doch einiges über das Auswahltestverfahren, das Ihr Wunschunternehmen üblicherweise anwendet.

Schlüsselbegriff oder Zauberwort: **Ihre gezielte Vorbereitung!**
Als Bewerber sollten Sie sich bewusst machen, welches Bild Sie von sich abgeben wollen. Das bedeutet nicht, dass in erster Linie Ihre schauspielerischen Fähigkeiten gefragt sind, aber ein bisschen eben doch! Zeigen Sie, dass Sie für die anstehenden Aufgaben (das kann der Ausbildungsplatz, der Berufseinstieg eines Hochschulabsolventen, der Aufstieg einer Führungskraft sein) der/die Richtige sind: Sie können etwas, sind hellwach, hoch motiviert und insbesondere sympathisch und vertrauenswürdig. Vermitteln Sie bewusst den Eindruck, dass Sie bestens mit allen Ihren Mitmenschen klarkommen.

Überlegen Sie sich vorher gut, was die Auswähler von Ihnen erwarten und was Sie von sich zeigen wollen. Es kann jedoch für Sie nicht darum gehen, sich selbst extrem zu verbiegen in der Hoffnung, als ein ganz anderer Mensch wahrgenommen zu werden.

Oft hört man „Sei ganz du selbst!" oder „Wirke authentisch!". Das aber ist wenig hilfreich, nahezu eine unreflektierte Empfehlung. Keine Rolle spielen zu wollen, ist naiv. Auch in vielen Alltagssituationen wird erwartet, dass man einer bestimmten Rollenerwartung entspricht. In der Schule, in der Freizeit, beim Sport, auf einer Beerdigung oder einer Hochzeit, wenn Sie eine Wohnung mieten wollen oder ein Polizist mit Ihnen über eine Geschwindigkeitsübertretung spricht, dann sind Sie in einer Rolle. Überhaupt: Wir sind immer in der Situation, auf der Lebensbühne etwas darzustellen. Bei Bewerbungen und speziell bei AC-Auswahlverfahren gilt das umso mehr.

Frage: Sollten Sie sich in einem AC also doch verstellen?
Antwort: Jein, ein bisschen anpassen wäre aber schon gut.

Es wäre nicht realistisch, ständig eine Rolle zu spielen, die wenig mit einem selbst zu tun hat. Das gelingt vielleicht gerade noch in einem kürzeren Vorstellungsgespräch, klappt aber nicht in einem AC, das über einen ganzen Tag geht und bei dem Sie ununterbrochen kritisch beobachtet werden, bisweilen sogar in den Pausen oder beim Mittagessen.

Bedenken Sie jedoch: Es gewinnt nicht einfach nur der beste Selbstdarsteller. Aber auf eine gelungene Selbstdarstellung kommt es durchaus an! Und dazu gehört auch ein gewisses Maß an Rollenbewusstsein. Was Ihnen helfen kann, ist eine klar durchdachte Rolle (in Ihrem Bewusstsein), in der Sie sich der AC-Jury und Ihren Mitstreitern präsentieren.

Schwierige Frage: Als was wollen Sie auftreten, wie wollen Sie rüberkommen? Als strahlender, jugendlicher Held (jung Siegfried), als fleißige Frau Holle, als die arme, aber so sensible Prinzessin (die auf der Erbse ...) oder liegt Ihnen mehr die Rolle des stets reflektierten Captain Kirk vom Raumschiff Enterprise? Ob Robin Hood, Robinson Crusoe oder Robbie Williams, kurzum: Wie sehen Sie sich und wie möchten Sie gesehen werden?

Es lohnt sich, darüber nachzudenken und sich klar zu werden, wie und in welcher Rolle Sie bei diesem Auswahlverfahren auftreten und vor allem wie die Beobachter Sie erleben sollen. Gedanken in dieser Richtung helfen Ihnen bei der Vorbereitung und beim Vermitteln eines hoffentlich positiven, nachhaltigen Eindrucks.

Hören wir da nicht jemanden sagen: Man solle sich doch aber besser ganz natürlich verhalten, so wie man auch wirklich sei ... Verzeihung, aber wie sind Sie denn nun wirklich ... Z. B. in Ihrer Badewanne zu Hause, oder in einem Gespräch mit dem Vermieter einer Wohnung, die Sie und Ihre Familie (drei Kinder, zwei Hunde) gerne mieten möchten, oder wenn Sie in einer Verkehrskontrolle angehalten werden.

Ja, Sie sind immer Sie! Aber in einer Rolle, und Sie verhalten sich der Situation entsprechend. Manchmal auch angepasst (und bisweilen vielleicht sogar auch leider ungeschickt, Pech!). Und genau das ist es, was jetzt auch von Ihnen erwartet wird (eine klare Rolle! weil man Sie einzuordnen versucht), und deshalb lohnt es sich schon, darüber nachzudenken, wie Sie auftreten, wie Sie erlebt werden möchten, welchen Eindruck Sie hinterlassen wollen und vor allem: Was passt? Zu Ihnen und zu der zukünftigen Rolle in dem Job, den Sie anstreben.

Unter **www.pearson.de/onlinecontent** haben wir noch weitere „Rollenhinweise" für Sie und Ihre Vorbereitung.

Einerseits ist es wichtig, sich rechtzeitig mithilfe von Büchern, eventuell auch Seminaren oder einer professionellen Karriereberatung (siehe Tipp 100) vorzubereiten, andererseits dürfen Sie sich auch nicht zu sehr selbst unter Stress setzen.

Den Tag vor dem Assessment Center sollten Sie möglichst ruhig gestalten. Gehen Sie rechtzeitig ins Bett, und lassen Sie die Party mit Freunden besser aus, denn am nächsten und gegebenenfalls übernächsten Tag brauchen Sie volle Konzentration und Ihre ganze Energie.

Verzichten Sie auf Beruhigungsmittel – wenn Sie wie eine Schlaftablette vor den Assessoren sitzen, sammeln Sie mit Sicherheit keine Pluspunkte. Im Gegenteil: Ein bisschen Aufregung kann sympathischer wirken als die totale Coolness. Nutzen Sie die Anspannung dazu, frisch zu wirken. Statt auf pharmazeutische Produkte sollten Sie bei großer Prüfungsangst lieber auf Entspannungsmethoden wie autogenes Training, Yoga oder die Muskelentspannung (nach Jacobson) setzen. Für den Fall, dass Sie extrem unter Prüfungsangst leiden, empfehlen wir Ihnen, auch psychotherapeutische Hilfe in Anspruch zu nehmen. Erfahrene Fachleute auf diesem Gebiet können Ihnen bestimmt helfen.

Denken Sie an Kopien Ihrer Bewerbungsunterlagen. Natürlich sollten Sie sich längst in Erinnerung gebracht haben, wie Sie sich dem Unternehmen schriftlich präsentiert haben. Aber für den Fall, dass Sie in der Aufregung etwas vergessen, können Sie z. B. vor der Übung „Interview" noch einmal einen Blick hineinwerfen.

Stecken Sie sicherheitshalber auch Stifte, Papier und sogar Linienpapier zum Unterlegen ein. In der Regel werden Sie mit diesen Utensilien versorgt. Aber Sie wissen ja: Ausnahmen bestätigen die Regel. Nehmen Sie auch Bonbons für den Hals mit und vielleicht Traubenzucker oder Schokoriegel für die kleine Stärkung zwischendurch. Manchmal ziehen sich AC-Übungen nämlich ziemlich lange hin, der Blutzuckerspiegel sinkt und damit auch die Konzentration.

Nehmen Sie auch entspannende Lektüre oder Ihren iPod mit, damit Sie abends – falls Sie übernachten müssen – vor dem Schlafen besser abschalten können. Und falls Sie vor lauter Anstrengung Kopfschmerzen bekommen, ist es gut, wenn Sie für den Notfall Tabletten dabeihaben.

Insbesondere aber sollten Sie nicht unvorbereitet und ohne klares Rollenbewusstsein, Kommunikationsziel, Botschaften und entsprechende Geschichten, die dies bestens unterfüttern, in ein AC gehen.

Natürlich auf die richtige Vorbereitung! Und darauf, eine gute Figur zu machen, den bestmöglichen Eindruck zu hinterlassen. Insbesondere bedeutet das zu verstehen, was in den einzelnen AC-Aufgaben/-Übungen eigentlich abgeprüft werden soll und wie Sie dieses Verhalten Ihrem Gegenüber, den AC-Beobachtern überzeugend zeigen und vermitteln können

Worum es geht und worauf es ankommt

Die wichtigsten Aufgaben und Übungen im AC

Die AC-Konstrukteure nennen die AC-Aufgabentypen gern Arbeitsproben oder Übungen. Es handelt sich jedoch um knallharte Prüfungen.

Die wichtigsten Einzelverfahren des ACs sind:

> Individuell auszuführende Arbeitsproben und Aufgabensimulationen (darunter sind zu verstehen: Organisations-, Planungs-, Entscheidungs-, Kontroll- und Analyseaufgaben)
> Gruppendiskussion (mit / ohne Rollen- oder Führungsvorgabe)
> Gruppenaufgaben mit Wettbewerbs- und / oder Kooperationscharakteristik
> Vorträge und Präsentationen
> Rollenspiele (meist zu zweit, z. B. Verkaufs-, Mitarbeiter-Problem /
> Konfliktgespräch)
> Einzel-, Gruppen- und Panelinterviews
> Unternehmensplanspiele / Case Studies
> Intelligenz-, Merkfähigkeits- und Leistungs- / Konzentrationstests
  Persönlichkeits- und Interessentests
> Biografische Fragebögen
> Gespräche, Interviews, in den Pausen oder abends Small Talk
> Verkappte Interviews in Form von sogenannten Abschluss- und / oder Beurteilungsgesprächen

Eher umgangssprachlich bedeuten AC-Aufgaben:

> Jeder für sich allein
> Jeder gegen jeden
> Einer gegen den anderen
> Einer vor allen anderen
> Alle zusammen / gemeinsam

Mit dem Assessment Center wartet ein zum Teil recht ausgeklügeltes Ausleseverfahren auf Sie. Entscheidend ist, dass Sie durchschauen, worum es bei diesem Auswahlverfahren wirklich geht. Die Prüfer sprechen davon, dass sie die Eignung des Bewerbers testen wollen, die sie in aller Regel an drei Kriterien festmachen:

Die KLP-Formel:
1. **Kompetenz** (bedeutend): Haben Sie berufsrelevante Erfahrungen, Kenntnisse, Fähigkeiten und Eigenschaften? Das ist etwa die Basis (macht vielleicht um die 10 Prozent aus)!
2. **Leistungsmotivation** (wichtig): Sind Sie engagiert? Haben Sie Biss? Sind Sie wirklich lern-, einsatz-, arbeitswillig? Können Sie sich mit der Aufgabe und dem Unternehmen identifizieren? Das könnte man etwa als Bindeglied verstehen (um die 25 Prozent)!
3. **Persönlichkeit** (absolut entscheidend): Sind Sie sympathisch? Vertrauenswürdig? Anpassungsfähig? Passen Sie wirklich gut zur Firma und ins vorhandene Team? Das ist der absolute Weichensteller, der etwa 65 Prozent ausmacht!

Allerdings sind diese drei wichtigsten Untersuchungsgegenstände nicht immer ganz klar voneinander abzugrenzen. So könnte man z. B. zu testende Eigenschaften wie Verantwortungsbewusstsein, Zuverlässigkeit und Teamfähigkeit allen drei Kategorien zuordnen.

Noch etwas konkreter ausgedrückt:
- ❯ Wie gut können Sie sich auf neue Situationen und andere Menschen einstellen?
- ❯ Wie kommen Sie mit anderen und in einem Team zurecht?
- ❯ Wie schnell lernen Sie und begreifen, was wirklich wichtig ist und zählt?
- ❯ Wie gehen Sie an knifflige Aufgaben heran?

Übrigens: Sympathie ist dabei der vielleicht wichtigste Weichensteller. Denn beim AC wie überhaupt bei Bewerbungen kommt es besonders darauf an, ob Sie sympathisch wirken. So zählt die Persönlichkeit (neben der Kommunikationsfähigkeit) zu den wichtigen globalen Einstellungs- und später auch Aufstiegskriterien.
Die großen Fragen lauten also: Kommen Sie sympathisch rüber? Kann man Ihnen vertrauen? Wenn ja, dann wird man Ihnen auch etwas zutrauen, z. B. diesen Beruf, diese Aufgaben, diese Problemlösung etc. (zu Sympathie siehe auch Tipps 17 und 18).

Also: Nichts ist so wichtig wie Ihre Wesensart (Persönlichkeit) und Ihre Lern- und Leistungsbereitschaft.

Es geht vor allem um Ihre kommunikative, soziale und Führungskompetenz sowie um Ihre Problemlösungs- und fachliche Kompetenz.

Ihre kommunikative Kompetenz wird speziell bei Ihrer Selbstpräsentation und bei anderen Präsentationsaufgaben geprüft, steht aber immer auch im Mittelpunkt, wenn Sie sich äußern wie z. B. in der Gruppendiskussion.
Geachtet wird auf Verständlichkeit, Ausdrucksvermögen, Schlüssigkeit und sogar auf die nonverbale Kommunikation (Körpersprache).

Ihre soziale Kompetenz wird typischerweise in der Gruppendiskussion, aber auch im Rollenspiel geprüft durch die kritische Beobachtung, wie und was Sie von sich geben.
Hier steht im Mittelpunkt Ihr Kontakt- und soziales Kommunikationsverhalten, Ihre angemessene Durchsetzungsfähigkeit, Ihr Umgang mit anderen und Ihre gute Selbstkontrolle (Beherrschung!) in kritischen Situationen (z. B. Stressinterview).

Ihre Problemlösungs- und fachliche Kompetenz glaubt man insbesondere zu erkennen in den AC-Übungen wie Rollenspiel, Diskussionsrunden, Postkorbaufgaben und Case Study.
Wie stellen Sie sich und Ihre Arbeit oder ein Thema (Problem – Lösungsvorschlag) dar und welche inhaltlichen Beiträge leisten Sie in den Diskussionsrunden oder beispielsweise in einer Konstruktionsübung?

Ihre Führungskompetenz prüft man gegebenenfalls in der Gruppendiskussion, wenn Sie der Diskussionsleiter sind, in der Disput-Übung und im Rollenspiel, aber auch im Interview oder Feedbackgespräch oder bei einer Organisationsaufgabe.

Es geht um die zielorientierte Argumentation und Bewältigung von Problemen (Lösungsvorschläge!). Damit ist immer auch verbunden, mit welchem Respekt die anderen Gruppenmitglieder auf Sie und Ihre Beiträge reagieren. Geachtet wird also auf so etwas wie Gestaltungs- und Führungsmotivation, aber auch Durchsetzungsfähigkeit und ein gutes Maß an Selbstbewusstsein.

Auf den Punkt gebracht:

Neben einem gewissen Maß an Kompetenz (Wissen / Erfahrung, Problemlösungs-Know-how) möchte man Ihr Bemühen (Lern- und Leistungsmotivation), insbesondere aber Ihre Wesensart (Persönlichkeit) erleben, kennenlernen, einschätzen und beurteilen.

Bei Ihrer Wesensart (aus welchem Holz sind Sie geschnitzt?) geht es um:

> Ihre Sozialkompetenz,
> berufliche Leistung und Orientierung,
> Ihren Arbeitsstil und
> Ihre psychische Stabilität.

Perfekt aufbereitete Bewerbungsunterlagen, so Sie von außen kommen, beste Empfehlungen von Ihrem Vorgesetzten (für den Inhouse-Kandidaten) sind das eine – das andere der persönliche Kontakt, von Angesicht zu Angesicht oder auch zuerst nur akustisch am Telefon.

In der ersten persönlichen Begegnung wird sich herausstellen, ob die Chemie zwischen Ihnen und Ihrem Gegenüber stimmt, ob Sie einen sympathischen, motivierten Eindruck machen und so Ihrem Ziel ein bisschen näherkommen. Es geht uns jetzt noch einmal um Ihre Vorbereitung, um das Verständnis Ihrer mentalen Einstimmung auf Ihr Vorhaben. Etwas einfacher ausgedrückt: Es geht um Ihr Kontakt- und Kommunikationsverhalten.

Wie gelingt es Ihnen, andere Menschen für sich einzunehmen? Wir wenden uns jetzt den Möglichkeiten zu, die Sie haben, um in einer persönlichen Begegnung Ihr Bewerbungsvorhaben optimal voranzubringen.

Was macht einen zwischenmenschlichen Kontakt „erfolgreich"? Wann fühlen Sie sich mit Ihrem Gegenüber wohl und warum? Was können Sie persönlich dafür tun, dass Ihre Geschäfts- und Arbeitsbeziehungen bestens funktionieren?

Mit diesen Fragen lohnt es sich zu beschäftigen, wenn man durch sein persönliches Auftreten erfolgreich sein will, wenn man bei seinem Gegenüber etwas bewirken möchte.

Natürlich stellt all dies eine Herausforderung dar: an Ihr Selbstvertrauen, Ihre Fähigkeit, Menschen für sich zu gewinnen, an Ihre kommunikativen und selbstdarstellerischen Begabungen.

Gerade in Situationen, in denen Sie auf neue Menschen treffen, die etwas für Sie tun sollen (nämlich sich für Sie entscheiden!), ist es besonders wichtig, dass Sie einen wohlüberlegten, einen von Ihnen gewünschten Eindruck aktiv vermitteln und hinterlassen. Dieser erste

Eindruck wird vor allem von Ihrem Auftreten geprägt. Was Sie sagen, ist weniger entscheidend als das Wie. Ausschlaggebend dabei ist, so etwas wie positive Energie und Optimismus auszustrahlen.

Sie bekommen keine zweite Chance, einen ersten Eindruck zu hinterlassen. Was da hilft? Z. B. „zaubern" zu können. Und das geht etwa so …

Sie kennen sicherlich Menschen, die sowohl im Beruf als auch im Privatleben andere für sich gewinnen können und einfach mehr Erfolg im Leben haben. Diese können andere so motivieren, dass sie den eigenen Wünschen entsprechend agieren. Das nennen wir „Zaubern" (vielleicht noch klarer: „Bezaubern") und es hat viel mit Sympathie zu tun. Lernen auch Sie zu zaubern und Sie werden Ihre Ziele einfacher und schneller erreichen.

Kurzum: Es geht nicht darum, jemanden zu besiegen, es geht darum, jemanden für sich zu gewinnen!

Dass Sie fachlich „was draufhaben", konnte man schon Ihren Bewerbungsunterlagen entnehmen bzw. den Personalunterlagen und Beurteilungen Ihrer Vorgesetzten, wenn Sie ein interner Kandidat sind. Davon geht man also aus. Nun will man sehen, was für ein Mensch Sie sind. Die Personalauswähler interessiert, ob man mit Ihnen gerne den ganzen Tag und länger zusammenarbeiten würde. Es wird geprüft, wie Sie mit Menschen umgehen, wie Ihre Wirkung auf andere ist, ja, mit was für einer Persönlichkeit man es bei Ihnen zu tun hat. „Persönlichkeit" zählt (neben „Kommunikationsfähigkeit") zu den wichtigsten globalen Einstellungs- und Aufstiegskriterien.

Es geht um den berühmt-berüchtigten ersten Eindruck, der bei unbekannten Gesprächspartnern die Weichen in Richtung einer positiven (Sympathie) oder negativen Gefühlsreaktion (Antipathie) stellt. Das trifft sowohl auf die Beziehung Auswähler – Auszuwählender zu wie auch auf die Gruppensituation unter den Kandidaten. Spezielle AC-Aufgaben beziehen sich sogar ganz konkret auf dieses Sympathiethema („Wem aus der Gruppe würden Sie am ehesten ein gebrauchtes Auto abkaufen?", Stichwort Vertrauenswürdigkeit).

Sympathie entsteht aufgrund verbaler und nonverbaler Kommunikation, also über die Sprache (formal / inhaltlich) und Sprechweise (laut / leise, Klang, Dialekt ...) einerseits und andererseits über Merkmale wie Aussehen, Auftreten, Körpersprache und Kleidung (siehe auch nächster Tipp).

Wenn auch so mancher glaubt, dass Sympathie zwischen zwei Personen entweder vorhanden ist oder eben nicht und sich daran wenig ändern lässt, ist das nicht richtig. Denn Sympathie können Sie durchaus mobilisieren: und zwar immer dann, so eine psychologische Definition, wenn Ihr Gegenüber den Eindruck und die Hoffnung gewinnt, dass Sie einen Beitrag zu seiner Bedürfnisbefriedigung (Erfolg, Macht etc.) leisten können.

Etwas anders erklärt: Sympathie entsteht dann, wenn zwei Personen Gemeinsamkeiten feststellen, gleiche Wertewelten teilen. Das kann der gleiche Ort sein, aus dem Sie beide kommen, dasselbe Hobby oder andere Themen, bei denen es eine Übereinstimmung zwischen Ihnen gibt. Die Entdeckung, dass der andere ja genauso ist wie man selbst, lässt Sympathie und damit auch Vertrauen entstehen.

Wodurch Sympathie (und auch Antipathie) gefördert wird, können Sie folgender Tabelle entnehmen:

Sympathie wird mobilisiert durch ...	Antipathie wird mobilisiert durch ...
Anpassung	mangelnde Anpassung
Charisma	fehlendes Carisma
Freundlichkeit	Unfreundlichkeit
Höflichkeit	Unhöflichkeit
Gelassenheit	Nervosität
Ruhe	Unruhe
Selbstsicherheit	Unsicherheit
Geduld	Ungeduld
Toleranz	Intoleranz

Sympathie	Antipathie
wird mobilisiert durch …	**wird mobilisiert durch …**
Gleichberechtigung	Dominanz-/Machtstreben
Gewährenlassen (Freiheit)	Beherrschung (Unfreiheit)
Attraktivität	abstoßendes Äußeres
Schönheit	Hässlichkeit
Gewandtheit	Verkrampftheit
Entspanntheit	Annspannung
gleiche/ähnliche Interessen/Hobbys	stark unterschiedliche Interessen/Hobbys

Der letzte Punkt der Tabelle sei noch einmal besonders hervorgehoben: Wenn es Parallelen, etwas Gemeinsames zwischen den Sie Beobachtenden und Ihnen gibt, steigen Ihre Chancen, als besonders sympathisch empfunden zu werden. Denn dann laufen Identifizierungsprozesse ab („Die/der ist ja genauso wie ich"). Auch biografische Parallelen (dieselbe Uni, derselbe Geburtsort, Ex-Arbeitgeber etc.) haben den gleichen Effekt. Wer leistungsmotiviert und kompetent wirkt, macht sich zusätzlich sympathisch. Denn diese Ihnen zugeschriebenen Eigenschaften tragen zur Realisation des Arbeitgeberbedürfnisses nach erfolgreichen Mitarbeitern bei.

Leistungsmotivation und Kompetenz offenbaren sich allerdings nicht so schnell wie das zentrale, auf die Persönlichkeit bezogene und auch durch unbewusste Faktoren gesteuerte Sympathiegefühl. Als Bewerber muss es daher Ihr Ziel sein, diese drei Essentials (Persönlichkeit, Leistungsmotivation und Kompetenz) während des gesamten Ausleseverfahrens als Signale so „auszusenden", dass sie beim AC-Veranstalter (Beobachter, Arbeitgeber) „ankommen".

Nach einer gängigen Definition versteht man unter „sozialer Kompetenz" das Ausmaß, in dem ein Mensch in der Interaktion mit anderen im privaten, beruflichen und gesamtgesellschaftlichen Kontext selbstständig, umsichtig und konstruktiv zu handeln vermag. Es geht um die Fähigkeit, zwischenmenschliche Kommunikation und Interaktion optimal zu gestalten.

Soziale Kompetenz

> **Sensibilität** Einfühlungsvermögen, Probleme und Gefühle anderer erkennen und berücksichtigen, realistische Einschätzung der Wirkung der eigenen Person auf andere
> **Kontakt- und Kommunikationsfähigkeit** auf andere zugehen können, leicht ins Gespräch kommen, Offenheit bezüglich eigener Ziele, Absichten, Methoden, vertrauensvoller und hilfsbereiter Umgang mit anderen
> **Kooperationsfähigkeit** Aufgreifen und Weiterführen der Ideen anderer, sich nicht auf Kosten anderer durchsetzen, Erfolg mit anderen teilen, Verzicht auf Konkurrenzdenken, Machtinteressen und Rivalität
> **Integrationsvermögen** Konfliktursachen erkennen und Lösungen anstreben, unterschiedliche Interessen zielgerichtet „kanalisieren", ohne das eigene Konzept aufzugeben
> **Informationsbereitschaft** andere mit Informationen versorgen, wichtige Informationen nicht zurückhalten, zuhören können und Zeit für Gespräche haben
> **Selbstkontrolle** auf Angriffe nicht aggressiv reagieren, andere nicht provozieren, in der Stimmungslage berechenbar sein

Was fällt Ihnen dazu ein? Bei welchen Ereignissen in Ihrem (Berufs-) Leben haben Sie soziale Kompetenz unter Beweis gestellt? Nicht schlecht wäre es, wenn Sie sich dazu ein paar Gedanken, gegebenenfalls auch Notizen machen. Im Sinne einer optimalen Vorbereitung ist dies das beste Vorgehen. Im Zweifelsfall fragen Sie auch bei Partnern, Freunden, Kollegen, Bekannten nach, was ihnen zu diesem Stichwort in Bezug auf Ihre Person einfällt.

Auf den Punkt gebracht:
Soziale Kompetenz ist vor allem:
> Kontakt- und Kommunikationsfähigkeit
> Einfühlungsvermögen
> Teamorientierung
> Verträglichkeit

Zeigen Sie, dass sich Ihr Verhalten durch Logik, Zielsetzung und Nachvollziehbarkeit auszeichnet – also nicht aus dem Bauch heraus entsteht, sondern klaren Regeln folgt.

Systematisches, zielorientiertes Denken, Planen und Handeln

> **Analytisches Denken** Gemeinsamkeiten zwischen unterschiedlichen Sachverhalten erkennen, allgemeine Regeln aus der Betrachtung von Einzelfällen ableiten können und auf die Ziele anwenden

> **Konzeptionelles Denken** Entwickeln von Problemlösungsstrategien, Erstellen einer adäquaten Rangfolge von Einzelschritten bei der Projektplanung

> **Kombinatorisches Denken** Verarbeitung und Übernahme von Informationen und Denkweisen anderer Fachdisziplinen, Kombinieren vorhandener Daten in neuartiger Weise und Entwickeln von Alternativen

> **Effiziente Arbeitsorganisation** Einhalten von Terminen und Absprachen, Überblick halten und Aufgaben verteilen können, eigene Aufgaben bis zum kompletten Abschluss bringen

> **Entscheidungsvermögen** Einbeziehung aller verfügbaren Informationen, Anfordern und Bewerten von Alternativen, kein Auf- oder Abschieben von Entscheidungen, kalkulierbares Risiko eingehen, Folgen der Entscheidung bedenken

> **Planungs- und Kontrollvermögen** Arbeitsziele formulieren, Ordnungskriterien suchen und sichtbar machen, planvolles Vorgehen, Arbeitsabläufe aufeinander abstimmen, komplexe Sachverhalte schnell strukturieren, Überprüfung der Planerfüllung

Damit ist eine Art Energie, ein Kraftreservoir gemeint, das – wenn es gut gefüllt ist – dafür sorgt, dass jemand aktiv ist, auch Widerständen trotzt, flexibel auf neue Situationen reagieren kann, andere begeistert mitreißt und nicht schnell aufgibt. Auch dieser Begriff ist durch mehrere Merkmale gekennzeichnet.

Aktivitätspotenzial

> **Arbeitsmotivation** Konstantbleiben der Arbeitsleistung auch bei komplexen Aufgaben, anstehende Arbeiten selbstständig schnell erledigen, kurzfristige Veränderungen akzeptieren und verarbeiten

> **Führungsmotivation** Aufnahme und Organisation von Führungsrollen, Initiativen zur Durchführung eines Interessenausgleichs im Mitarbeiterbereich, Konzentration mehr auf die Arbeitsergebnisse als auf den Arbeitsprozess

> **Autonomie** selbstständiges Arbeiten ohne Anweisungsbedarf, eigenständige Formulierung neuer Aufgaben und Ziele, Streben nach verbesserten Arbeitsergebnissen, Bereitschaft, Neues zu erkunden und zu erlernen

> **Durchsetzungsvermögen** Ziele nicht aus dem Auge verlieren, eigenen Standpunkt auch gegen Widerstände durchsetzen, Konkurrenzsituationen nicht ausweichen, insgesamt stark zielorientiertes Vorgehen

> **Selbstvertrauen** bei Rückschlägen nicht aufgeben, sich von Fakten und Sachverhalten, nicht von der Persönlichkeit anderer beeinflussen lassen, erfolgsorientiertes und sicheres Denken, Fühlen und Handeln

Ausdrucksfähigkeit umschreibt die Kompetenz, sich mündlich und schriftlich mitzuteilen. Nicht nur Wortwahl, Stimme, Lautstärke sind entscheidend, auch die Fähigkeit, durch überzeugende Argumente andere für sich einzunehmen. Ausdrucksfähigkeit ist durch Folgendes gekennzeichnet:

Ausdrucksfähigkeit

> **Mündliches und schriftliches Darstellungsvermögen** klare, verständliche Sprache, flüssige Formulierung, akustisch gut zu verstehen, stilsichere Sprachgewandtheit im Schriftlichen)
> **Rhetorische Fähigkeiten** argumentative Überzeugungskraft

Denken Sie beim Assessment Center an Folgendes:
> Was für ein Mensch sind Sie, und wie präsentieren Sie sich?
> Wie bringen Sie Ihre hohe Leistungsmotivation deutlich zum Ausdruck?
> Wie vermitteln Sie überzeugend Ihre weitreichende Kompetenz?

Und vielleicht versuchen Sie zunächst einmal gutes Hochdeutsch zu sprechen. Es kann aber bei Ihrem Gegenüber auch sehr gut ankommen, wenn Sie zeigen, dass Sie die Sprache der Region oder die eines Ihrer Assessoren perfekt können, weil Sie dazu einen besonderen Bezug haben.

Weil es im Assessment Center nicht nur darum geht, was Sie können, sondern vor allem, wie Sie sich und Ihre Fähigkeiten darstellen, kann ein wenig schauspielerisches Talent durchaus von Vorteil sein. Manch einem wird richtig mulmig, wenn er darüber nachdenkt, unter Umständen mehrere Tage mit vielen anderen Bewerbern um einen Arbeitsplatz zu kämpfen.

Besser als die anderen sein zu wollen, das kann einen ganz schön unter Druck setzen. Dabei kommt es aber nicht unbedingt darauf an, wirklich besser zu sein, sondern darauf, sich gut verkaufen zu können. Gekonnte Selbstdarstellung, insbesondere Sympathiemobilisierung, bringt Punkte. D. h., beim AC sind besonders Ihre schauspielerischen, Ihre selbstdarstellerischen Fähigkeiten gefragt.

Natürlich ist zu bedenken, wie weit Sie überhaupt mitspielen wollen. Denn eines ist klar: Bei einer Bewerbung handelt es sich immer um eine Anpassungsleistung. Doch das Ziel kann sicher nicht Anpassung um jeden Preis sein. Was nützt es Ihnen, den Beobachtern etwas vorzuspielen, das wenig mit Ihren eigentlichen Charaktereigenschaften gemein hat? Das wäre mit Sicherheit keine gute Voraussetzung für den Beginn am neuen Arbeitsplatz. Überlegen Sie sich also genau, wie weit Sie sich anpassen und ab welchem Punkt Sie sich regelrecht „verbiegen" müssten, um ins Konzept des Arbeitsplatzanbieters zu passen. Die Beobachter legen Augenmerk auf Folgendes:

A. Soziale Prozesse, Ihr Umgang mit anderen
> Kooperationsfähigkeit
> Kontaktfähigkeit
> Konfliktfähigkeit

> Sensibilität
> Integrationsvermögen
> Selbstkontrolle
> Informationsverhalten

B. Systematisches Denken, Planen und Handeln
> abstraktes und analytisches Denken
> kombinatorisches Denken
> Entscheidungsfähigkeit
> Planungs- und Kontrollfähigkeiten
> arbeitsorganisatorische Kompetenz

C. Aktivität, Wachheit, Energie, Selbstbewusstsein
> Arbeitsmotivation, Arbeitsantrieb, Initiative
> Führungsmotivation und Führungsantrieb
> Durchsetzungsvermögen
> Selbstständigkeit/Unabhängigkeit
> Selbstvertrauen
> Ausdauer/Belastbarkeit
> Stresstoleranz

D. Ausdrucksvermögen
> schriftliche und mündliche Kommunikationsfähigkeit
> Verständlichkeit
> Überzeugungsfähigkeit
> Flexibilität

Zugegeben, alles leichter aufgeschrieben als umgesetzt.

Bereits im Vorfeld eines ACs kann es für Sie als externen Bewerber einige kleinere Hürden geben, bevor Sie so richtig mit dabei sein dürfen. Hier erfahren Sie, was alles auf Sie zukommen kann, bevor man Sie einlädt, und wie Sie sich auch darauf vorbereiten können.

Das kann Ihnen schon vorab passieren

Immer häufiger werden interessante (Außen-)Bewerber bereits vor ihrer Einladung zu einem ersten Kennenlerngespräch oder vor der Teilnahme an einem AC-Auswahlverfahren angerufen, um (vorab!) telefonisch etwa 20 bis 60 Minuten lang ausführlich interviewt zu werden. Nicht selten sogar in einer der angegebenen Fremdsprachen, die man (angeblich gut oder sogar sehr gut!) beherrscht.

Unternehmen versuchen in dieser ersten *fernmündlichen* Begegnung zu testen, ob der Kandidat wach und kommunikativ ist oder nicht sofort weiß, wovon die Rede ist. So soll entschieden werden, ob sich eine Einladung, seine Anreise, die Teilnahme (und damit das Investment an Zeit und Geld) wirklich auch lohnen. Übrigens: Nur etwa jeder dritte Angerufene besteht den telefonischen Vorab-Test.

Diese Vorauswahlmethoden stellen eine erste ernst zu nehmende Hürde dar, die es zu bewältigen gilt.

Im Hintergrund steht die Maximierung der Trefferquote, aber auch die Minimierung der Kosten für die Auswählerseite.

Auch ein sogenannter Online-Test ist im Zeitalter der elektronischen Medien gar nicht mehr so selten. Große Konzerne bieten sogenannte Online-Assessments an und lassen Kandidaten durch Rekrutierungs-spiele surfen, um so mögliche High Potentials angeblich schneller identifizieren zu können. Auch das damit angestrebte innovative Image überzeugt immer mehr Großunternehmen von diesem Aus-wahlverfahren.

Bevor Sie eine Runde weiterkommen, fordert man Sie also auf, unter einer gewissen Internetadresse und unter Eingabe eines bestimm-ten Codes an einem eTestverfahren teilzunehmen. Den Zeitpunkt, wann Sie sich diesem Online-Testverfahren stellen wollen, das etwa 30 bis gut über 120 Minuten dauern kann, dürfen Sie selbst bestim-men.

Diese neu entwickelten Online-Assessment-Center-Tests setzen da-rauf, jederzeit und an vielen Orten gleichzeitig eine Durchführung und vollautomatische Auswertung zu ermöglichen. Dabei geht es häufig um die Erfassung von ...

> verbalen Fähigkeiten,
> numerischen Fähigkeiten,
> diagrammatischen Fähigkeiten,
> mechanisch-physikalischen Fähigkeiten.

Des Weiteren absolviert man Wissens- und Persönlichkeitstests. Da-mit sollen Bildungsniveau und wesentliche Charaktermerkmale des Online-Bewerbers erfasst werden, z. B. ...

> Eigenschaften,
> Interessen,
> Motive und Motivation,
> Verhaltenstendenzen,

> Präferenzen beim Arbeitsumfeld,
> bevorzugte Vorgehensweisen und Führungseigenschaften.

Einige Personaler halten ihre Online-Tests für genauso effektiv wie einen klassischen Paper-Pencil-Test (Bleistift-Papier-Test), der mit Bewerbern vor Ort durchgeführt wird. Die Kosten- und Zeitersparnis und die Beschleunigung des Recruitment-Prozesses für beide Seiten wird gelobt. So erhalten Bewerber ihr Feedback direkt am PC und müssen nicht mehr persönlich erscheinen.

Als „Cyber Consultants" schlüpften beispielsweise Bewerber im Siemens-Online-AC-Spiel in die Rolle von Beratern, deren Aufgabe es war, eine virtuelle Stadt zu unterstützen. Entscheidungsstärke, Kreativität und Teamfähigkeit standen auf dem virtuellen Prüfstand. Zum Einsatz kamen Persönlichkeits- und Leistungstests, die auch die soziale Kompetenz der Teilnehmer prüfen sollten. Erfolgreiche Kandidaten wurden anschließend zu einem mehrteiligen persönlichen Auswahlverfahren eingeladen. Ergo: So ganz traute man denn doch nicht dem eigenen eAC.

Das Online-AC oder eAC verspricht mehr, als es hält, und exponiert sich damit noch stärker als sein realer großer Bruder. Die Kosten eines intelligenten Online-AC-Spiels dürften erheblich sein. Billige, simpel gestrickte Spielszenen und leicht durchschaubare Abfragen und Spielaufgaben sind dagegen kaum in der Lage, komplexes Sozialverhalten der Teilnehmer abzubilden.

Auch die Identifizierung der mitspielenden Bewerbungskandidaten und ihre Kontrolle sind nicht gewährleistet. So lässt sich nicht überprüfen, ob der Bewerber auch wirklich derjenige ist, der das virtuelle AC bearbeitet hat. Außerdem wird man nicht sicherstellen können, dass alle Bewerber den Test unter gleichen Bedingungen absolvieren konnten. Gewiefte Kandidaten machen sich vorher schlau und üben sich ein, um dann zu glänzen ...

Zudem ist die Gewöhnung bei interaktiven Spielen ein Aspekt, der das Ergebnis beeinflussen kann, ebenso der geübte Umgang mit Computern. So wird es Kandidaten geben, die durch ihre technischen Kompetenzen leicht in der Lage sind, ein Online-AC zu „überlisten" und somit auf der Liste der Bewerber deutlich weiter oben landen. Technisch ungeübte Bewerber könnten schlechter abschneiden oder entnervt vorzeitig aussteigen, obwohl sie eigentlich sehr gut für den Job geeignet wären.

Nur scheinbar bieten internetbasierte AC-Systeme die Vorzüge standardisierter Personalbeurteilung bei zusätzlicher Steigerung der Effizienz. Dementsprechend folgen den Online-Tests, die als eine Art „Pre-Assessment" dienen, meist mehrteilige Bewerberauswahlverfahren oder -interviews face to face. Die in einem Online-Test ausgewählten Kandidaten lädt man dann also doch wieder lieber zum „richtigen" Assessment Center und/oder zu persönlichen Gesprächen ein

Nicht selten werden interessante (interne wie externe) Bewerber zunächst auch nur zu einem Vor(stellungs)gespräch (Interview) eingeladen. Hiermit will man ebenso die Trefferquote erhöhen wie beim Vorab-Telefonat. Falls Sie bereits in der ersten persönlichen Begegnung und im Gespräch keinen vielversprechenden Eindruck hinterlassen, mit Kompetenz- und Leistungsmotivation nicht überzeugen und auch Ihre Wesensart, der Sympathiequotient, nicht begeistert, endet Ihre Teilnahme am AC, bevor Sie eigentlich richtig begonnen hat.

Das bedeutet: Bereiten Sie sich immer auch auf eine Art Vorstellungsgespräch vor, selbst wenn es angeblich nur um ein AC geht. In diesem Auswahlverfahren gibt es fast immer die Interview-Übung. Das ist nichts anderes als ein Gespräch, in dem man sich sehr speziell mit Ihrer Motivation für den Job, die Aufgabe auseinandersetzen will (siehe auch Tipp 53 – 56).

Sie werden neben den klassischen 10 – 20 wichtigsten Fragen natürlich auch gefragt, was Sie von einem AC halten und ob Sie bereits Erfahrungen damit gemacht haben. Das ist sicher nicht der Moment, sich kritisch über diese Auswahlmethode zu äußern.

Die Vorstellung beginnt … Wenn ein AC startet, werden die Teilnehmer aufgefordert, sich vorzustellen. Auch wenn es zwanglos wirken kann, handelt es sich doch um mehr als nur ein lockeres gegenseitiges Bekanntmachen. Schon hier sollten Sie überzeugen

AC-Vorstellung

Die Vorstellungsrunde ist bereits die erste Übung, bei der (sicher nicht nur) die Beobachter registrieren:

> Wie stellen sich die einzelnen Kandidaten dar?
> Worauf legen sie bei ihrer Präsentation Wert?
> Ist der Vortrag gut verständlich und nachvollziehbar?

In vielen ACs wird die Selbstpräsentation auch als Übung offiziell angekündigt. Z. B. so: „Bitte präsentieren Sie sich vor der Gruppe. Berichten Sie über die wichtigsten Stationen Ihres Lebens." Häufig werden die Veranstalter noch konkreter und Ihre Selbstpräsentation soll dann Themen wie diese behandeln:

> Ihr größter beruflicher Erfolg
> Ihre Hobbys
> Welches berufliche Ziel peilen Sie an?
> Ihre Motivation, die angestrebte Position zu bekommen

Hier kommt es vor allem auf Sprachgestaltung/Form, Ausdruck, Klarheit und Sicherheit, Ausstrahlung, Überzeugungskraft – und erst an letzter Stelle auf Ihre Sachkompetenz an.

Es gibt auch bei dieser Übung die besondere Variante, bei der man seinen Nachbarn dem Gremium von Mitstreitern und Beobachtern vorzustellen hat. Beurteilt werden dabei Sie, wie Sie diese Aufgabe lösen, und nicht etwa Ihr Nachbar, von dem Sie ja nur erzählen!

Ob Selbst- oder Partnervorstellung: Ziel der Präsentation ist es, in einer begrenzten Zeit der Vorbereitung (5 – 10 Minuten) ein Thema inhaltlich gut zu erfassen und den Zuhörern in einem (Kurz-)Vortrag zu vermitteln. Beobachtet wird dabei:

1. Soziale Kompetenz

> Kontaktfähigkeit: aktives Zugehen auf andere
> Einfühlungsvermögen: Erkennen / Berücksichtigen von Bedürfnissen der Zuhörer
> Kooperationsfähigkeit: Aufgreifen und Weiterführen vorhandener Meinungen / Ideen

2. Systematisches, zielorientiertes Denken, Planen und Handeln

> analytisches und abstraktes Denken: didaktisch logischer Aufbau des Vortrages, Strukturierungsfähigkeit
> Arbeitsorganisation: Einhalten von Zeitvorgaben
> Belastbarkeit und Stressresistenz
> Entscheidungsfähigkeit: Entwicklung und Beurteilung von Alternativkonzepten

3. Aktivitätspotenzial

> Selbstwertgefühl: Ausstrahlung von positivem Denken und Erfolgsorientierung
> angemessene Selbstsicherheit
> Kreativität: Einfallsreichtum
> Durchsetzungsvermögen: Erzielung von Aufmerksamkeit / Konzentration, Zielstrebigkeit

4. Ausdrucksfähigkeit

> mündliche Formulierungsfähigkeiten:
> flüssige / unmissverständliche Ausdrucksfähigkeit
> akustische Verständlichkeit
> Überzeugungskraft: Plausibilität von Vorschlägen / Methoden / Zielen
> Flexibilität: Verwendung von plastischen Vergleichen / Bildern
> Variabilität der Ausdrucksmöglichkeiten
> didaktischer Einsatz von optischen Hilfsmitteln

Verdeutlichen Sie sich nochmals die Anforderungen: Wie gehen Sie mit sich und anderen um, wie reagieren diese auf Sie?

Im Mittelpunkt steht die Interaktion innerhalb der Gruppe. Wann und wie lange sprechen Sie, wie reagieren die anderen darauf, welche Qualität hat Ihr Beitrag? Langweilen Sie oder bekommen Sie die ungeteilte Aufmerksamkeit der anderen Gruppenmitglieder?

Können Sie einen Sachverhalt oder die Vorstellung einer Person gut auf den Punkt bringen, sodass Ihre Zuhörer das Gefühl haben, etwas Neues zu erfahren?

Die AIDA-Formel hilft Ihnen dabei. Sie beschreibt, wie man Wirkung erzielt, Eindruck macht und Nachhaltigkeit erreicht. Nutzen Sie diese Formel als Wegweiser, wenn Sie die Aufmerksamkeit anderer für sich gewinnen wollen.

Bei allen Präsentationsaufgaben und weiteren Herausforderungen (z. B. Vorträgen, aber auch wichtigen Briefen wie Bewerbungsanschreiben oder Anliegen an andere) hilft Ihnen die AIDA-Formel.

AIDA steht in diesem Zusammenhang für:

A = attention (Aufmerksamkeit für Ihre Bewerbung erzeugen)
I = interest (Interesse an Ihrer Person wecken)
D = desire (den Wunsch entstehen lassen, Sie zum Vorstellungsgespräch einzuladen)
A = action (die Handlungsaktivität „Einladung" provozieren)

Etwas verkürzt und viel einfacher ist natürlich die KLP-Formel (siehe Tipp 14). Sie erklären etwas zu Ihrem Ausbildungs- und Erfahrungshintergrund, zu Ihren Erfolgen, Probleme, die Sie bereits gelöst haben, aber auch Aufgaben / Probleme, mit denen Sie sich aktuell auseinandersetzen, um dann zum krönenden Abschluss kurz etwas persönlicher zu werden und zu vermitteln, dass Sie in Ihrer Freizeit beispielsweise beim Musikmachen auftanken.

Welche verschiedenen Formen von Diskussionen es gibt – ob nun ein globales Thema oder eine spezielle Problemstellung vorgegeben ist, ob Sie eine bestimmte Rolle übernehmen müssen oder sogar die Diskussion leiten sollen –, stellen wir Ihnen jetzt vor. Wenn Sie die wichtigsten Regeln der Gesprächsführung beachten, können Sie hier leicht punkten

AC-Diskussion

Was Sie über die Gruppendiskussion wissen sollten

Bei der Gruppendiskussion geht es darum, im direkten Vergleich zu den Mitbewerbern gut abzuschneiden. Ausnahmen bestätigen auch hier die Regel, wenn es nämlich um ein Einzel-AC geht und die Gruppe von Mitbewerbern zum Diskutieren fehlt. In diesem Fall sind es dann die AC-Beobachter, mit denen Sie als Kandidat etwas diskutieren dürfen. Wichtig zu unterscheiden: Es gibt Diskussionsrunden mit und ohne Rollenvorgabe und mit Diskussionsleiter und ohne!

In der Disziplin „Jeder gegen jeden" könnte man etwas salopp die Gruppendiskussion als den klassischen Standardbaustein eines jeden ACs bezeichnen. Die Gruppengröße schwankt zwischen vier, sechs und mehr Teilnehmern, oftmals wird eine größere Bewerbergruppe für diese Übung aufgeteilt. Zwei bis drei AC-Beobachter, die während der Diskussion die Teilnehmer „observieren" und sich Notizen machen, sind die Regel; mehr oder weniger Beobachter dagegen eher selten, aber auch das kommt vor.

Wichtigste Empfehlung für die Gruppendiskussion: Spielen Sie nicht den „stummen Fisch", aber auch nicht den eloquenten, narzisstischen Vielquatscher. Wenn es, bezogen auf Ihre Beiträge in der Diskussionsrunde, so etwas wie eine qualitative Dreier-Einteilung gibt, sind sie am Ende des ersten Drittels bestens bis gut platziert.

Drei Formen lassen sich grob unterscheiden:

1. Diskussion eines (eher globalen) Themas mit oder ohne Zielvorgabe

Hier besteht die Aufgabe darin, ein vom Auswahlgremium vorgegebenes oder frei zu wählendes Thema in einer Runde von Mitbewerbern gemeinsam zu diskutieren. Bisweilen wird ein Ergebnis gefordert (Stellungnahme, Konsens). Möglich ist auch, dass die Gruppe die Aufgabe bekommt, sich unter zehn Themen auf eins zu einigen, um dieses anschließend zu diskutieren. Bereits der Auswahlprozess durch die Gruppenmitglieder, der erfahrungsgemäß nicht leicht vonstattengeht, ist wichtiger Bestandteil der Beobachtung und Beurteilung. Wer hier eine von den anderen Gruppenmitgliedern akzeptierte Führungsrolle übernehmen kann, steht natürlich bei Weitem besser da als der graue Mitläufer oder der ewig nörgelnde Neinsager oder der Schweigende.

Häufig werden vor den Gruppendiskussionen die Kandidaten aufgefordert, ihre Vorabeinschätzung schriftlich zu dokumentieren. Zweck dieser Übung ist es, die individuellen Standpunkte / Beurteilungen „festzuschreiben", um hinterher vonseiten der AC-Beobachter einen Vergleich vornehmen zu können, inwieweit die individuelle Einschätzung von der Gruppenbeurteilung abweicht und wie leicht / schwer man sich gegebenenfalls bei der Anpassung tut.

2. Diskussion einer speziellen Problemstellung (häufig aus dem BWL-Bereich) in Form eines sogenannten Unternehmensplanspiels

Aufgabe ist es, gemeinsam einen konkreten Handlungsplan zu entwickeln. Bei den Unternehmensplanspielen geht es um eine konkrete betriebswirtschaftliche Aufgabenstellung, die auf der Grundlage von schriftlichem Informationsmaterial innerhalb der AC-Gruppe zu diskutieren ist. Fiktive unternehmerische Rahmenbedingungen sind vorgegeben und Entscheidungen auf organisatorischer Ebene gefordert. Gerade bei den Unternehmensplanspielen ist ein Ergebnis nur durch konsequentes Miteinbeziehen aller Mitspieler erfolgreich, weil es möglich ist, dass jedem Teilnehmer unterschiedliche Informationen z. B. auf Extrakärtchen zur Verfügung stehen und alle einzelnen auf den Karten vermerkten Infos erst im Austausch der Teilnehmer untereinander Sinn ergeben. Sorgen Sie also dafür, dass alle Informationen jedem Teilnehmer zugänglich gemacht werden. Vielleicht können Sie bereitgestellte Medien dazu nutzen, oder Sie pinnen solche Kärtchen sichtbar für alle an die Wand.

3. Diskussion eines vorgegebenen Themas, bei der die AC-Teilnehmer eine bestimmte Rolle bzw. Position zu vertreten haben

Jedem Teilnehmer ist ein Standpunkt vorgegeben. Er erhält vorab eine „Regieanweisung" und hat als Diskussionsteilnehmer ausschließlich diese Rolle, also den vorgegebenen speziellen Standpunkt zu vertreten, was natürlich zu Auseinandersetzungen führt.

So sehen einige typische Gruppen-diskussionsthemen aus

Der Fantasie sind hier (fast) keine Grenzen gesetzt. Die Palette reicht von berufsbezogenen Themen über Inhalte aus den Bereichen Politik, Umwelt, Wirtschaft, Zeitgeschehen bis hin zum privaten, persönlichen Bereich.

Gruppendiskussionen eines globalen Themas

Pro oder kontra Todesstrafe, Rauchverbot während der Arbeitszeit, Frauenquote, Benzinpreiserhöhung, Umweltschutz oder Arbeitsplatzsicherung – was hat Vorrang?

Typisches Thema für ein Unternehmensplanspiel

Die AC-Teilnehmer gehören zu einer fiktiven Firma, die sich einen guten Ruf durch die Herstellung von Mittelklassefahrrädern erworben hat. Um den Fortbestand der Firma zu sichern, muss man sich entscheiden, entweder qualitativ wertvolle, aber teure Fahrräder zu produzieren oder auf eine Billig- und Massenproduktion umzustellen. Dazu gibt es schriftliches Hintergrundinformationsmaterial, Marktforschungsanalysen etc.

Klassische Gruppendiskussion mit vorgegebenem Thema und Rolle

Jeder Diskutant bekommt auf einem Regiezettel mitgeteilt, dass er Außendienstvertreter einer Versicherungsgesellschaft ist. Für seine Arbeit steht ihm ein Dienstwagen zur Verfügung. Der eine AC-Teilnehmer – jetzt in der Rolle eines (Interessen-)Vertreters – hat einen relativ großen Wagen, obwohl er hauptsächlich in der Stadt arbeitet und die Parkplatznot kennt. Der andere hat ein schon recht altes und sehr störanfälliges Modell, ist aber ein wirklich erfolgreicher Vertreter, ein dritter hat einen zu kleinen Dienst-Pkw, obwohl er häufig mit mehreren Auszubildenden geschäftlich unterwegs ist usw. Jeder Teilnehmer ist also mit einer „Legende" ausgestattet, mit Pro-, aber auch Kontra-Argumenten bezüglich seiner Tätigkeit und den Ansprüchen daraus, in Relation zu seinem zur Verfügung stehenden Dienstfahrzeug.

Das zu diskutierende Problem: Ein nagelneues kleines BMW-Sportcabriolet wird von der Geschäftsleitung zur Verfügung gestellt. Wer aber von den Vertretern (AC-Diskutanten) soll dieses schöne neue Auto bekommen, hat es wirklich verdient?

Die AC-Diskutanten sollen gemeinsam eine gerechte Lösung herbeiführen. Und das, obwohl doch jeder – so seine Rollenvorgabe – den neuen Dienstwagen gerne für sich beansprucht. Es ist vorprogrammiert, dass sich hier eine heiße Auseinandersetzung anbahnt. Und das ist auch klar gewollt, dabei werden Sie beobachtet. Wie gehen Sie mit dieser Situation, mit Ihren Mitspielern um? Und wie diese mit Ihnen?

Nicht selten kommt eine Diskussion nur schleppend in Gang. Das macht die Sache nicht gerade einfach, kann aber für Sie auch eine Chance sein: Wenn Sie Struktur in die Diskussion bringen und damit einen konstruktiven Beitrag für den Argumentationsaustausch liefern, sammeln Sie Pluspunkte. Gehen Sie systematisch und schrittweise vor:

1. Schritt: Orientierung

Jeder Versuch, sich bereits im Anfangsstadium auf ein Diskussionsziel zu einigen, dürfte zu erheblichen Problemen führen. Zu Beginn empfiehlt es sich daher, eine Einschätzung vorzunehmen, in welchem Ausmaß das zu bearbeitende Thema von subjektiven Werthaltungen und emotional begründeten Einstellungen beeinflusst wird. Eine sinnvolle AC-Strategie kann gerade zu Beginn einer Gruppendiskussion auch darin bestehen, das Thema durch Fragen griffiger zu machen. Mögliche „Eisbrecher-Fragen" sind u. a.:

> Wie sieht jeder Einzelne in der Gruppe die Problematik (Kurzumfrage / Meinungsbild)?
> Wo sind die Meinungsschwerpunkte?
> Wo gibt es Gemeinsames / Trennendes?

2. Schritt: Zielsetzung

Machen Sie sich davon frei, ein Thema bis in alle Facetten durchdiskutieren zu wollen, um am Ende mit einem perfekten, für alle Gruppenmitglieder zufriedenstellenden Ergebnis aufwarten zu können. Das ist so gut wie unmöglich. Wenn Sie dies vor der Gruppe verdeutlichen, trägt es oft dazu bei, von allen etwas Druck zu nehmen und das Miteinander zu fördern. Mit Fragen (z. B.: „Welche Diskussionsziele sind in der Kürze der Zeit realisierbar? Kann das Thema eingegrenzt werden und ist das hilfreich?") kann man unter Umständen einen Konsens schaffen, der der Gruppe behilflich ist, in der knappen Zeit eine Lösung / ein Ziel zu erreichen.

3. Schritt: Lösungsweg

Mit den richtigen Fragen kommt man oft am besten voran: Fragen Sie die anderen Teilnehmer, wie man ihrer Meinung nach am besten zu einem Ergebnis kommt, welche Möglichkeiten sich anbieten und was davon den größten Erfolg verspricht. Diese Fragen helfen, dass alle in dieselbe Richtung (wenn auch mit unterschiedlichen Ergebnissen) denken und Sie ganz nebenbei von den Assessoren Pluspunkte erhalten für Ihren Versuch, Struktur ins Gespräch zu bringen.
Bei aller Hoffnung auf das eigene gute Abschneiden dürfen Sie aber die anderen nicht vergessen. Versuchen Sie, möglichst viele Gruppenmitglieder in die Bearbeitung des Themas zu integrieren und auch passivere Teilnehmer zum Mitdiskutieren zu ermuntern. Stellen Sie Ihre Kooperationsfähigkeit unter Beweis, indem Sie Ideen und Anregungen anderer aufgreifen und weiterentwickeln.

4. Schritt: Ergebnisprüfung

Im Verlauf des Gesprächs (nicht erst gegen Ende) können Sie zur Ergebnisprüfung aufrufen: Fragen Sie in die Runde, wie weit man mit der Bearbeitung des Themas gekommen ist (Meinungsbild / Schwerpunkte). Was kann zusammenfassend zum jetzigen Zeitpunkt ausgesagt werden? Kann man ein Resümee ziehen? Diese Fragen sind hilfreich, um Ihnen und der Gruppe von Zeit zu Zeit zu helfen, das Hauptziel im Auge zu behalten, ergebnisorientiert vorzugehen und damit eine gute Figur im AC-Spiel zu machen.

Nicht selten ist das Diskussionsthema so komplex, dass das erforderte gemeinsame Ergebnis, z. B. ein Gruppenkonsens, in der Kürze der vorgegebenen Zeit nicht zu erreichen ist. Dies führt häufig zu einer aggressiv-gereizten Stimmung, weil die Diskutanten sich unter einem enormen Leistungsdruck fühlen und entsprechende Versagensängste entwickeln. Lassen Sie sich nicht mitreißen. Denn dieser zum Teil bewusst erzeugte Stress ist für die AC-Beobachter ein willkommener Prüfstein, der auf ihren Checklisten unter verschiedenen Überschriften entsprechend benotet wird. Das bedeutet: Wer als AC-Kandidat in spürbare Aufregung gerät, sammelt Minuspunkte.

Bisweilen wird jeder Kandidat später im weiteren Verlauf des ACs, z. B. im Einzelinterview, gefragt, wie er die Diskussionsrunde erlebt hat, wie er seinen eigenen Part, aber auch den der anderen einschätzt. Mit Fragen wie „Wer hat in der Diskussion geführt?" oder „Wer hat am wenigsten zum Ergebnis beigetragen?" sollen die AC-Kandidaten zum Hilfs-AC-Beurteiler gemacht werden: Wenn z. B. alle AC-Teilnehmer in einer Gruppe ein bis zwei Mitglieder positiv erlebt haben bzw. ein Teilnehmer immer negativ eingeschätzt wird, bleibt dies für die genannten Personen logischerweise nicht ohne Konsequenzen.

Mit scheinbar harmlosen Fragen wie „Mit wem aus der Gruppe würden Sie gerne einen gemeinsamen Urlaub planen?" soll ein Soziogramm erstellt werden. D. h., die auf die Teilnehmer entfallenden oder von ihnen ausgehenden positiven und negativen Wahlen werden in einer Grafik festgehalten und sollen ein deutlicheres Bild über die Eigenschaften des jeweiligen Kandidaten geben.

Trotz des harmlosen Begriffs Gruppendiskussion handelt es sich um eine ganz spezielle mündliche Testsituation, die hohe Konzentration erfordert. Anders als häufig angenommen wird am Ende von den Beobachtern weniger das Ergebnis der Diskussion beurteilt, sondern wie es zustande gekommen ist. Im Mittelpunkt des Beobachterinteresses steht also die Interaktion, insbesondere Ihr Sozialverhalten. Außerdem geht es um Ihr sprachliches Ausdrucksvermögen.

Generelle Beobachtungs- und Beurteilungskriterien

1. Erfassung und Steuerung sozialer Prozesse

> Kontaktfähigkeit (aktives Zugehen auf andere)
> Einfühlungsvermögen (Erkennen / Berücksichtigen von Bedürfnissen / Gefühlen anderer)
> Integrationsfähigkeit (Fähigkeit zur Konfliktanalyse und -lösung, Bündelung divergierender Interessen auf ein Ziel hin)
> Kooperationsfähigkeit (kein Dominanzstreben auf Kosten anderer, Verzicht auf Druck- und Machtmittel)
> Informationspolitik (Weitergabe von Informationen, die Fähigkeit zuzuhören)
> Selbstdisziplin (moderat-freundlicher Umgang mit anderen, auf Angriffe angemessen reagieren)

2. Ansätze systematischen Denkens, Planens und Handelns

> Kombinationsfähigkeit im Denken (Übernahme / Verarbeitung von / Denkstilen anderer, die Fähigkeit, Alternativen zu entwickeln)
> Entscheidungsfähigkeit (Entwicklung und Beurteilung von Alternativvorschlägen, angemessene Entscheidungsfreudigkeit / kein Abschieben, Reflexion der Entscheidungskonsequenzen)

3. Erkennbares Aktivitätspotenzial

> Führungspotenzial/-motivation (Anstreben einer Führungsposition/-rolle, Initiativen zur Strukturierung/Koordination sozialer Prozesse)
> Selbstwertgefühl (positiv und erfolgsorientiert, angemessene Selbstsicherheit)
> Durchsetzungsvermögen (Zielstrebigkeit, Beharrlichkeit)

4. Ausdrucksfähigkeit

> Mündliche/schriftliche Formulierungsfähigkeiten (flüssige/unmissverständliche Ausdrucksfähigkeit)
> Überzeugungskraft (Vorschläge/Ziele/Methoden werden von anderen übernommen, Argumentation erzeugt bei anderen keinen Widerstand, Flexibilität in Ausdruck/Argumentation)

Optimal wäre es, wenn Sie grafische Hilfs- und Darstellungsmittel (Flipchart usw.) einsetzen, um das Vereinbarte evident zu machen.
Das gilt übrigens für sämtliche Diskussions- und Präsentationsübungen im AC: Wenn Ihnen Medien wie Beamer, Overheadprojektor, Flipchart, Tafel etc. angeboten werden, nutzen Sie diese unbedingt! So können Sie Ihren Vortrag noch anschaulicher gestalten.
In der Gruppendiskussion könnten Sie z. B. Ihre Dienste anbieten, um nach vorn zu gehen und die wichtigsten Punkte zu notieren. Aber Vorsicht: Fragen Sie vorher die anderen, ob es ihnen recht ist. Sonst sieht es so aus, als wollten Sie sich zu sehr in den Vordergrund drängen. Und das sehen auch die Assessoren gar nicht gern ...

Pluspunkte sammeln Sie, wenn Sie Folgendes beachten:

Verhaltensregeln für die Gruppendiskussion

› den jeweiligen Sprecher anschauen
› deutliche Aufmerksamkeit signalisieren
› stets kontrollierte Reaktionen
› gedämpftes (angemessenes) Engagement
› deutlich und ruhig sprechen
› freundliches Interesse zeigen
› sachliche, weitestgehend affektfreie Argumentation; alles vermeiden, was die Gesprächsharmonie unnötig stören könnte
› auf Argumente eingehen und sie konstruktiv weiterentwickeln
› sich nicht in den Vordergrund spielen
› sich nicht zu sehr zurück- und heraushalten
› kein Sarkasmus, keine Ironie, keine Herabsetzung
› auf ausgeglichene Rollenverteilung achten (z. B. nicht bei allen Themen Kontra-Beiträge – Gefahr, als Nörgler / Miesmacher aufzutreten)
› die aufgeworfenen Fragen auch mal loben („wichtig / bemerkenswert" und ähnliche Prädikate)
› Mängel offen zugeben („Sie sind da auf einen heiklen Punkt aufmerksam geworden!")
› Bedenken Sie: Sie müssen nicht immer alles (besser) wissen und ständig versuchen, Patentrezepte und -lösungen „aus dem Hut zu zaubern".
› auch mal die eigene Meinung zur Diskussion stellen („Mich würde interessieren, was Sie darüber denken!" und Ähnliches

Jeder will den Job (oder Aufstieg) und somit im AC besonders gut abschneiden. Deshalb kann es trotz aller Strukturierungsversuche zu Konflikten und Auseinandersetzungen unter den Teilnehmern in einer AC-Gruppendiskussion kommen. Das ist letztlich von den Assessoren auch so intendiert. Denn insbesondere an der Art und Weise, wie Sie diese nicht einfache Situation bewältigen, sollen Sie ja gemessen werden.

So kann es passieren, dass die Diskussion ängstlich verkrampft dahinschleicht oder die Diskutanten übereinander herfallen, sich richtig bekämpfen, bisweilen sogar monologisieren. Sehr viel häufiger jedoch passiert es, dass Gruppenmitglieder aneinander vorbeireden und nicht in der Lage sind, eine wirkliche Auseinandersetzung zu führen oder den Beitrag eines anderen aufzugreifen und weiterzuentwickeln.

Ihre Strategie in einer derartigen Situation: Bleiben Sie ruhig und gelassen, auf keinen Fall mitreißen oder provozieren lassen, geschweige denn das egozentrische Verhalten Ihres Mit-Gesprächs-„Partners" kritisieren. Das überlassen Sie geschickterweise den AC-Beobachtern.

Einige Möglichkeiten, problematische Situationen zu Ihrem Vorteil zu verändern:

> Wenn ein Vielschwätzer gar kein Ende findet oder, weil er sich in dem Thema gerade auskennt, den Rest der Gruppe mit Fachausdrücken zu erschlagen droht, können Sie auch „dazwischenfunken". Natürlich auf freundliche Art und Weise, z. B.: „Entschuldigung, darf ich Sie unterbrechen? Ich würde gern wissen, ob die Gruppe das auch so sieht?"

> Möchte einer der Teilnehmer Sie durch direkte oder indirekte Angriffe verunsichern, sollte Ihre Gegenstrategie lauten: Hervorheben der Partnerrolle, Gemeinsamkeiten der Situation unterstreichen, auf das sachliche Thema zurückführen, nicht provozieren lassen, bei anderen Unterstützung suchen.

> Es macht auch nichts, wenn Sie – falls es sich nicht gerade um für den Beruf nötiges Grundwissen handelt – ganz offen bekennen, dass Sie etwas nicht verstehen. Schließlich ist niemand allwissend. Sagen Sie einfach: „Können Sie mir das bitte erklären, damit ich auch mitreden kann?" Oft zeigt sich dann, dass derjenige, der vorher so großspurig mit Begriffen umgegangen ist, doch so manche Erklärungsnot hat.

> Außerdem können Sie mit einer solch offenen Frage der Peinlichkeit entgehen, plötzlich von jemandem aus der Runde zu Ihrer Meinung aufgefordert zu werden. Wenn Sie dann nichts zu sagen haben, macht sich das nicht gerade gut.

> Sollten Sie ständig von einem Kandidaten unterbrochen werden, ist ein Hinweis in Richtung „Lassen Sie mich doch bitte ausreden" durchaus angemessen. Reden Sie ruhig weiter und lassen Sie sich nicht in den Hintergrund drängen oder gar entmutigen.

> Stoßen Sie auf diametral entgegengesetzte Standpunkte, sind Diplomatie und Flexibilität gefragt, ohne den eigenen Standpunkt zu „verraten". Mithilfe geschickt formulierter Fragen kann es Ihnen gut gelingen, die Schärfe aus der Konfrontation herauszunehmen.

1. Aktives Zuhören

Vermeiden Sie es, Ihren Standpunkt als Erster ausführlich darzulegen und auf alle Äußerungen der anderen Diskussionsteilnehmer spontan mit einer Gegenrede (Angriff / Verteidigung) zu reagieren. Besser: Vermitteln Sie Ihren Gesprächspartnern durch Ihre geduldige Bereitschaft zuzuhören das Gefühl, ernst genommen zu werden. Der häufigste Fehler in Diskussionen ist die Unfähigkeit, einander wirklich zuzuhören.

2. So klar und deutlich wie möglich kommunizieren

Je klarer und konkreter Sie miteinander kommunizieren, desto wahrscheinlicher ist es, zu einem konstruktiven Ergebnis zu kommen. Anlass für viele Missverständnisse sind schwammige und wenig präzise Aussagen, die ein Richtig-verstanden-Werden verhindern, sogar oft Anlass für neuen Konfliktstoff geben. Fragen Sie nach, ob Sie richtig verstanden haben und ob Sie richtig verstanden wurden.

3. Motive und Ziele verdeutlichen

Wichtig ist nicht nur, Ihren Standpunkt möglichst deutlich darzustellen, sondern auch Ihre Motive, Ziele und sogar Gefühle, weshalb Sie eine bestimmte Position einnehmen. Gelingt es Ihnen, Ihre Beweg- und Hintergründe zu verdeutlichen, gewinnt auch Ihr Standpunkt an Klarheit. Außerdem können die anderen eher darauf reagieren und sind nicht auf Vermutungen angewiesen. Erreicht werden soll ein besseres Verständnis für einen Standpunkt, für Vorschläge oder Forderungen etc. Das ist Voraussetzung für eine angemessene Beurteilung und kann einem Anliegen bzw. einer Sache nur nützlich sein.

4. Argumente geschickt einsetzen

Verschießen Sie Ihr Pulver, d. h. Ihre Argumente, nicht zu früh. Eines sollten Sie für alle Fälle immer noch parat haben. Bringen Sie das beste Argument am Schluss, das zweitbeste am Anfang. Und bedenken Sie, dass die Mitdiskutanten sich sehr wahrscheinlich auf das schwächste Argument konzentrieren werden. Um richtig zu argumentieren, bietet sich die Fünfsatz-Technik an. Sie leistet nützliche Dienste, wenn Sie Ihre Statements situativ und hörerbezogen vortragen.

Die Fünfsatz-Technik

1. Benennen Sie klar und kurz Ihren Standpunkt:
   „Ich bin davon überzeugt, dass ..."
2. Präsentieren Sie Ihre Argumente:
   „Meine Erfahrungen sind ..."
3. Untermauern Sie diese durch Beispiele oder Beweise:
   „Ich habe mit Erfolg z. B. ... Als Nachweis für ... kann ich anführen ..."
   usw.
4. Begegnen Sie möglichen Einwänden bzw. kommen Sie ihnen zuvor:
   „Sie werden jetzt denken ... Ich versichere Ihnen ..."
5. Ziehen Sie das Fazit:
   „Aus diesen Gründen (1. ..., 2. ..., 3. ...) plädiere ich für ..."

Wenn Sie gebeten werden, die Diskussionsleitung zu übernehmen, empfehlen wir folgende Strategie:

1. Einleitung

Hinführung zum Thema; allgemeine Problemskizze entwickeln; versuchen, sich auf einen oder zwei Themenaspekte festzulegen („Darf ich Ihr Einverständnis voraussetzen, wenn wir …?").

Delegation der Gesprächskompetenz

a) Frage als Diskussionsanreiz:
 › „Wie ist Ihre Erfahrung?"
 › „Was sollte geschehen?"
 › „Welche Möglichkeiten sehen Sie …?"

b) These zur Diskussion stellen, evtl. in Frageform:
 › „Sind Sie auch der Ansicht, dass …?"

2. Verlaufsregelung

Versuchen, Beiträge in einer prägnanten Aussage zusammenzufassen und als These weiterzugeben; evtl. Zielfrage anfügen: „Wollen wir uns auf diesen Punkt konzentrieren?" / „Ist es nicht wirklich besser, wenn wir …?"

› Möglichst keine Parteinahme; sich widersprechende Beiträge als Widersprüche stehen lassen; alle Beiträge und Positionen sind „interessant" / „überlegenswert" / „nachdenkenswert" usw.

› Ausgeglichene Rollenverteilung herstellen, auch stillere Diskussionsteilnehmer einbeziehen.

› Sich einschalten, wenn „Schockpausen" eintreten (Differenzierung, Hervorheben des Positiven etc.).

> Häufig positiv verstärken („Ein interessanter Gesichtspunkt"/ „Das scheint mir ein außerordentlich wichtiger Aspekt"/„Gut, dass Sie darauf eingehen!" etc.).

> Deutliches Interesse für die Beiträge zeigen („Ich habe auch schon überlegt, ob möglicherweise ..."/„Ich glaube, es lohnt sich ganz gewiss, noch mehr darüber zu wissen/zu sagen/nachzudenken" etc.).

3. Ausklang

Vorschlag: „Vielen Dank für Ihre Diskussionsbeiträge, die ich persönlich sehr interessant fand. Sie haben uns die Vielschichtigkeit des Themas X deutlich gemacht, auch wenn einige wichtige Aspekte wegen der Kürze der Zeit nicht ausreichend behandelt werden konnten."

Aus einem Rollenspiel sollen Rückschlüsse auf Ihr zukünftiges Führungspotenzial gezogen werden. Es kann ein Konfliktgespräch zwischen Vorgesetztem und Mitarbeiter, beispielsweise wegen schlechter Leistung, gefordert werden, oder ein kritisches Kundengespräch, wenn sich ein wütender Kunde wegen schlechter Behandlung beschwert. Aber auch Verkaufs-, Überzeugungs- und Motivationsgespräche sind möglich. Lesen Sie hier, wie Sie beim Rollenspiel überzeugen.

AC-Rollenspiel

So läuft das Rollenspiel im Assessment Center ab

Das Rollenspiel ist eine Art Mini-Diskussionsgruppe. Personalchef, Vorgesetzter, Geschäftsführer, Teamleiter – das sind die typischen Rollen, in die AC-Kandidaten schlüpfen sollen.

In der Regel geht es dabei um ein simuliertes Gespräch zwischen AC-Prüfling und einem AC-Beobachter (oder Moderator, in seltenen Fällen auch mal einem Laienschauspieler), der aktiv den Part der zweiten Rolle übernimmt. Deutlich seltener sind Rollenspiele zwischen zwei AC-Prüflingen.

Für dieses Stegreiftheater-Rollenspiel bekommt man zwischen 10 und 30 Minuten Zeit. Vorher steht eine meist als zu knapp empfundene Vorbereitungsphase (etwa 5 bis 15 Minuten) zur Verfügung, in der sich der AC-Prüfling mit einer schriftlichen Rollen- und Situationsbeschreibung vertraut machen darf.

Im Rollenspiel wird versucht, betriebliche Interaktionen zu simulieren. Typisch sind Konfliktgespräche zwischen Vorgesetztem und Mitarbeiter (Stichworte: Kündigung, schlechte Leistung, sonstige Kritik, generell Unangenehmes).

Die Rolle, in die Sie schlüpfen müssen, ist weder leicht noch angenehm, auch dürfen Sie nicht mit allzu viel Entgegenkommen bei Ihrem Rollenspielpartner rechnen. Denn seine Rolle sieht eben vor, Ihnen das Leben schwer zu machen. Man will sehen, wie Sie damit umgehen, ob Sie trotz widriger Umstände klarkommen, ein (vorgegebenes) Ziel erreichen.

Im AC-Rollenspiel ist auf ähnliche Anforderungsmerkmale wie bei der Gruppendiskussion zu achten:

Anforderungen beim Rollenspiel

1. **Erfassung und Steuerung sozialer Prozesse im Umgang mit anderen**
- Einfühlungsvermögen (Erkennen / Berücksichtigen von Bedürfnissen / Gefühlen anderer)
- Kontaktfähigkeit (Beratung anbieten, Vertrauen entgegenbringen)
- Kooperationsfähigkeit (anderen aus Schwierigkeiten heraushelfen, kein Dominanzstreben auf Kosten anderer, Verzicht auf Druck- und Machtmittel)
- Informationspolitik (die Fähigkeit zuzuhören)
- Selbstdisziplin (auf Angriffe angemessen reagieren, moderatfreundlicher Umgang mit anderen)

2. **Systematisches Denken, Planen und Handeln**
- Arbeitsorganisation (Überblick verschaffen)
- Entscheidungsfähigkeit (Suchen / Verwerten von allen verfügbaren Informationen, Entwicklung und Beurteilung von Alternativvorschlägen, angemessene Entscheidungsfreudigkeit / kein Aufschieben, Reflexion der Entscheidungskonsequenzen)
- Planung und Kontrolle (Arbeitsziele setzen)

3. **Erkennbares Aktivitätspotenzial**
- Führungspotenzial / -motivation (Initiativen zur Strukturierung / Koordination sozialer Prozesse)

> Arbeitsantrieb/-motivation (schnelles Erledigen anstehender Arbeiten/Probleme)
> Selbstständigkeit (erkennbares Bemühen um Optimierung eigener Arbeitsergebnisse)
> Selbstwertgefühl (positiv und erfolgsorientiert, angemessene Selbstsicherheit, Durchhaltevermögen auch bei Rückschlägen)
> Durchsetzungsvermögen (Zielstrebigkeit, Durchsetzungsbeharrlichkeit)

4. Ausdrucksfähigkeit
> Flexibilität (rhetorische Fähigkeiten/Argumentationstechnik)
> Überzeugungskraft (Vorschläge/Ziele/Methoden werden vom Gegenüber übernommen, Argumentation erzeugt keinen Widerstand, Flexibilität in Ausdruck/Argumentation, Führungsrolle wird anerkannt)

Die soziale Kompetenz ist auch hier wieder der Schlüsselbegriff, um den sich alles dreht. Gefragt sind im Wesentlichen Kontaktfähigkeit, Einfühlungsvermögen und Verhandlungsgeschick, gepaart mit einer Mischung aus Überzeugungskraft und Durchsetzungsvermögen.

Typische Rollenspiele sind simulierte betriebliche Situationen, z. B. das Konfliktgespräch zwischen Vorgesetztem und Mitarbeiter. Es geht dann um Kündigung, schlechte Leistung, sonstige Kritik, Mobbing etc. (siehe auch Tipp 19).

Beispiel

Man wird als Bewerber zum Vorgesetzten ernannt, der mit dem Mitarbeiter Meier gleich ein ernstes Wörtchen zu reden hat. Denn dessen Leistungen am Arbeitsplatz lassen merklich nach – offensichtlich eine Folge seiner Alkohol- und Eheprobleme. Hinzu kommt, dass sein Kind gerade tödlich verunglückt ist. Keine einfache Ausgangsbasis für ein Konfliktgespräch mit ihm. Und zusätzlich bekommen Sie die Information: Seine Frau sei die Cousine des Vorstandsvorsitzenden ... Nicht gerade erleichternd, dieser Umstand und kleine Hinweis. Aber so soll es ja sein, schön schwierig!

Nicht selten werden Verkaufs-, Überzeugungs- oder Motivationsgespräche abverlangt. Bei AC-Veranstaltern sehr beliebt ist auch das kritische Kundengespräch. So hat man es z. B. mit einem wütenden Kunden zu tun, der sich bei Ihnen, dem Chef, über einen Mitarbeiter wegen schlechter, unfreundlicher Behandlung beklagt ...

Im Kritikgespräch geht es nicht um den Nachweis irgendeiner Schuld, sondern um die gemeinsame Vereinbarung, wie sich der Mitarbeiter in Zukunft verhalten sollte. Verfolgen Sie im Rollengespräch Ziele wie:

> die psychosozialen Ursachen von Leistungsversagen oder Fehlverhalten bei Ihrem Gesprächspartner zu erhellen,
> die Begründung Ihres Gegenübers für sein Verhalten zur Sprache zu bringen und ihm dabei gut zuzuhören,
> die Förderung der Einsicht Ihres Gegenübers, dass Derartiges in Zukunft vermieden wird (Verhaltensänderung),
> das Erreichen einer Übereinkunft, dass zukünftig gemeinsam vereinbarte Ziele realisiert werden.

Wichtige Punkte im Kritikgespräch

> Machen Sie sich zunächst klar, was Sie in dem Gespräch bewirken wollen (Ziel: Verhaltensänderung).
> Sorgen Sie für eine gute, sachlich-entspannte Gesprächsatmosphäre.
> Tragen Sie Ihre Kritikpunkte sachlich und wertfrei vor. Sie sollten dabei so konkret wie möglich sein (keine Pauschalierungen wie „Sie machen wohl in letzter Zeit alles falsch"). Belegen Sie Ihre Ausführungen mit konkreten Beispielen.
> Berücksichtigen Sie die Gefühle Ihres Gegenübers. Machen Sie deutlich: Ihre Kritik gilt dem speziellen Verhalten und nicht der gesamten Person.
> Fordern Sie Ihren Gesprächspartner auf, Stellung zu nehmen, seine Sicht der Dinge darzustellen. Bitten Sie um Erklärungen.
> Rechnen Sie mit Aggressionen, Leugnen, Zweifel an Ihrer Kompetenz und zeigen Sie Gelassenheit.

> Werden Sie nicht Ihrerseits aggressiv, drohen Sie nicht, vermeiden Sie Gegenattacken, einen Streit darüber, wer Recht hat. Um nicht sofort auf die Äußerung Ihres Gesprächspartners reagieren

> zu müssen, wenden Sie die Spiegel-Methode an, d. h., hören Sie genau zu, um möglichst viele Informationen zu bekommen und um gleichzeitig emotional entlastend zu wirken. Diese Technik bewahrt Sie davor, bereits in einer zu frühen Gesprächsphase in Widerspruch und in wenig konstruktive Auseinandersetzungen mit Ihrem Gesprächspartner verstrickt zu werden.

> Man erwartet nicht von Ihnen, dass Sie im Alleingang einen Lösungsvorschlag aus dem Hut zaubern. Viel besser ist es, wenn Sie zunächst Lösungsvorschläge von Ihrem Gesprächspartner erbitten („Was schlagen Sie selbst vor: Wie können Sie die Probleme in den Griff kriegen?"). Entwickeln Sie dann gemeinsam Problembewältigungsstrategien („Was halten Sie davon, wenn Sie in Zukunft ..."). Einigen Sie sich nach einer Bewertung der Vorschläge auf eine zukünftige Vorgehensweise.

> Fassen Sie den erarbeiteten Lösungsvorschlag abschließend zusammen („Wir sind zu dem Ergebnis gekommen, ... Sie sind damit einverstanden, dass ...").

> Lassen Sie das Gespräch mit einer positiven Bemerkung ausklingen, z. B.: „Ich freue mich, dass es uns gelungen ist, trotz aller Schwierigkeiten gemeinsam etwas zu erreichen."

Ganz sicher: Damit punkten Sie!

Aus Ihrem gesamten Gesprächsverhalten versucht man, Rückschlüsse und Prognosen auf Ihr zukünftiges Führungspotenzial zu ziehen:

> Wie werden Sie einmal mit Mitarbeitern, für die Sie Personalverantwortung haben, umgehen? Zeigen Sie in diesem AC-Rollenspiel Ansätze einer Gesprächsstrategie, gelingt Ihnen eine Klärung?

> Wie geschickt sind Sie im verbalen Umgang mit anderen Menschen?

> Wie groß ist Ihre Empathie, d. h., wie gut können Sie sich in Ihr Gegenüber einfühlen?

> Sind Sie in der Lage, Verhaltenshintergründe zu erhellen und gemeinsame Lösungswege zu erarbeiten?

> Können Sie ein Verhandlungsergebnis vorweisen bzw. sind Sie in der Lage, am Ende des Gesprächs klare Vereinbarungen, gegebenenfalls Entscheidungen zu treffen?

Dazu wird genau geprüft, ob es Ihnen gelingt, die Hintergründe und Ursachen des Mitarbeiterproblems durch geschickte Gesprächsführung herauszufinden, und ob Sie auf der Grundlage dieser Informationen entsprechende Regelungen und Übereinkünfte mit dem „Sorgenkind" treffen können.

Besonders wichtig ist das sich üblicherweise anschließende Gespräch über Ihr Verhalten im Rollenspiel: Zeigen Sie, wenn Sie von den AC-Beobachtern kritisch hinterfragt werden, dass Sie bereit sind, Verantwortung zu übernehmen. Fallen Sie also nicht beim ersten Anflug von Kritik um, und geben Sie nicht gleich zu, dass alles, was Sie vereinbart haben, ein großer Fehler war.

Im Rollenspiel schneidet erfolgreich ab, wer die Grundregeln der Gesprächsführung beherrscht, als da wären:

> Aktives Zuhören
> Konkrete, klare Aussagen zum eigenen Standpunkt machen
> Motive und Ziele der eigenen Argumentation verdeutlichen (siehe dazu auch Tipp 36)

Beim Rollenspiel kommt es nicht auf Härte, sondern auf Feingefühl an, bei gleichzeitiger konsequenter Verfolgung des eigenen Gesprächsziels. Und dieses ist deutlich gefärbt durch die Interessen des Unternehmens, das Sie im Rollengespräch zu vertreten haben.

Es geht nicht darum, Ihr Gegenüber (meistens ein „Schauspieler" aus den Reihen der Assessoren/Beurteiler) zu „besiegen", sondern es geht darum, zu überzeugen, zu gewinnen für eine andere, neue Vorgehens- oder Verhaltensweise oder Lösung, was immer das Problem war bzw. ist.

In einer vorgegebenen Bearbeitungszeit – von null Minuten bis einen ganzen Abend – müssen Sie ein Thema erfassen und dann Ihren Zuhörern überzeugend vermitteln. Das kann ein Allerweltsthema sein oder ein berufsspezifisches, vielleicht müssen Sie sogar sich selbst vorstellen. Wenn Sie sich gezielt vorbereiten, Ihre Präsentation geschickt gliedern und ansprechend vortragen, meistern Sie auch diese Übung.

AC-Präsentation

So bewältigen Sie die AC-Übung „Präsentation" erfolgreich

Ob Sie die Aufgabe haben, als Moderator aufzutreten, ob Sie Unterlagen in Form einer Fallstudie bekommen, deren Lösung vorzustellen ist, oder ob Sie nach kurzer Vorbereitungszeit über ein gesellschaftspolitisches Thema einen Vortrag halten sollen – eines ist sicher: Wenn eine solche Aufgabe an Sie herangetragen wird, dann handelt es sich um den AC-Baustein Präsentation.

Erklärtes Ziel ist es, ein Thema in der Kürze der Zeit inhaltlich zu erfassen und den Zuhörern geschickt in einem mündlichen Vortrag zu vermitteln. Dabei geht es in der Regel um Standpunkte, die zu vertreten sind, oder um Überzeugungsarbeit, die von Ihnen geleistet werden muss. Manchmal wird dabei dem AC-Prüfling explizit die Rolle eines Unternehmensberaters abverlangt, um z. B. einem fiktiven Vorstandsgremium eines Unternehmens angemessene Aktionen vorzuschlagen.

Übrigens: Möglich ist auch, dass die Präsentationsaufgabe darin besteht, sich selbst vorzustellen. Entweder ganz frei, sodass Sie selbst entscheiden können, wie Sie was über sich erzählen wollen, oder mit Vorgabe, z. B.:

> ❯ „Stellen Sie uns Ihre drei größten Stärken und Schwächen vor"
> ❯ „Die wichtigsten Stationen in Ihrem Lebenslauf"
> ❯ „Beschreiben Sie Ihren Lieblingsurlaubsort"

Diese AC-Aufgabe kann quasi aus dem Stand von Ihnen verlangt werden (mit einer Vorbereitungszeit von fünf bis zehn Minuten für einen drei- bis fünfminütigen Vortrag) – oder mit abendlichem, mehrstündigem Aktenstudium vor dem Prüfungstag. Denkbar ist bei dieser zweiten Variante die zusätzliche Aufgabe, Ihren Vortragstext schriftlich auszuarbeiten (was nicht bedeutet, dass Sie dann einfach stur ablesen dürfen). Die AC-Beobachter konzentrieren sich auf das Wie Ihres Vortrags und nehmen die inhaltliche Beurteilung Ihres Referats später vor.

Anforderungsmerkmale, die Pluspunkte bringen

1. **Erfassung und Steuerung sozialer Prozesse**
> Einfühlungsvermögen (Erkennen / Berücksichtigen von Bedürfnissen der Zuhörer)
> Kooperationsfähigkeit (Aufgreifen und Weiterführen vorhandener Meinungen / Ideen)

2. **Systematisches Denken, Planen und Handeln**
> Analytisches und abstraktes Denken (didaktisch sinnvoller und logischer Aufbau des Vortrags, Strukturierungsfähigkeit)
> Arbeitsorganisation (Einhalten von Zeitvorgaben, Belastbarkeit, Stressresistenz)
> Entscheidungsfähigkeit (Entwicklung und Beurteilung von Alternativkonzepten, Reflexion von Entscheidungskonsequenzen)
> Planung / Kontrolle (Formulierung von Zielvorstellungen)

3. **Erkennbares Aktivitätspotenzial**
> Selbstwertgefühl (Ausstrahlung von positivem Denken und Erfolgsorientierung, angemessene Selbstsicherheit)
> Kreativität (Einfallsreichtum)

> Durchsetzungsvermögen (Erzielung von Aufmerksamkeit, Konzentration, Zielstrebigkeit)

4. **Ausdrucksfähigkeit**
> Mündliche Formulierungsfähigkeiten
> Flüssige / unmissverständliche Ausdrucksfähigkeit
> Akustische Verstehbarkeit
> Überzeugungskraft (Plausibilität von Vorschlägen / Methoden / Zielen, Argumentation erzeugt keinen Widerstand)
> Flexibilität (Verwendung von plastischen Vergleichen / Bildern, Variation der Ausdrucksmöglichkeiten, didaktischer Einsatz von optischen Hilfsmitteln)

Bei dieser Übung geht es natürlich weniger um das zwischenmenschliche Verhalten, sondern mehr um Sprachgestaltung, Form, Ausdruck, Klarheit und Sicherheit, Ausstrahlung, Überzeugungskraft und erst an letzter Stelle um Sachkompetenz. Das gilt vor allem für willkürliche, mit dem Arbeitsplatz kaum in Bezug zu setzende Ein-Wort-Themen wie „Der Glaube" oder Allerweltsthemen wie „Tempolimit pro / kontra". Fachliche Kompetenz wird dann wichtiger, wenn es bei der Präsentation um Themen aus Ihrem zukünftigen Arbeitsgebiet geht.

„Lassen Sie Ihren Gedanken freien Lauf" könnte das Motto für den Beginn der Themenbearbeitung lauten. Mit anderen Worten: Es geht zunächst darum, Material zu sammeln. Notieren Sie alles – ruhig ungeordnet, aber weiträumig untereinander –, was Ihnen zu dem vorgegebenen Thema einfällt.

Hilfreiche Fragestellungen

› Welchen Kernbegriff (Keyword) enthält das Thema?
› Welche weiteren Begriffe stecken im Thema?
› Welche anderen Begriffe / Stichworte werden assoziiert? (Das können sein: vergleichbare, gegensätzliche, Ober- / Unterbegriffe zum Kernbegriff)

Auch die bekannten W-Fragen (wer, wie, was, wann, wo, warum?) können dazu einen wichtigen Beitrag leisten.

W-Fragen zur Vorbereitung der Präsentation

› Was heißt …? Was ist …? Was bedeutet (für mich / den Einzelnen / die Gesellschaft) …?
› Wer ist mit … befasst?
› Welche Arten von … gibt es?
› Wann geschieht …? Wo geschieht …?
› Warum …?
› Welche Ursache …? Welchen Zweck …? Welche Folgen, Vor- / Nachteile, Gefahren …?
› Wem nützt / schadet …?
› Wozu dient …?

Schlüpfen Sie gedanklich in andere Personen (Freunde, Arbeitskollegen, Eltern, Nachbarn etc.). Wie würden diese argumentieren? Ordnen Sie die so gewonnenen Stichworte nach Zusammengehörigkeit und in die Gliederungsabschnitte Einleitung, Hauptteil, Schluss.

Es gibt bestimmte Gliederungsformen, die die Vorbereitung von speziellen Aufgabenstellungen erleichtern:

Pro-/Kontra-Erörterung

Für Problemstellungen, die eine Pro-/Kontra-Erörterung verlangen, bewährt sich folgende Gliederung des Hauptteils:

> These (Argumente für ...)
> Antithese (Gegenargumente)
> Wenn möglich: Lösung, Entscheidung (Synthese)

Berufstypisches Fachproblem

Haben Sie es mit einem berufstypischen Fachproblem zu tun, bietet sich eine Gliederung des problemlösungsorientierten Kurzvortrags durch folgende Fragen an:

> Worin besteht das Problem?
> Wie ist bisher damit verfahren worden?
> Welche Lösungsansätze sind praktikabel, welche nicht?
> Wie sieht meine Empfehlung aus?

Die vorgegebene Zeit für Ihren Vortrag sollten Sie unbedingt einhalten. Die fünf oder zehn Minuten Vortragszeit sind schneller vorbei, als der unter Prüfungsstress stehende Kandidat sich vorstellen kann. Wenn Sie mit dem Vortrag aufhören müssen, weil die Zeit abgelaufen ist, und wichtige Ihrer vorbereiteten Argumente ungesagt bleiben, haben Sie diese AC-Prüfung „in den Sand gesetzt". Also: Verzichten Sie lieber auf ein paar zusätzliche, aber schwächere Argumente, und lassen Sie genügend Raum für die wirklich guten.

Der Anfang Ihres Vortrags ist von besonderer Bedeutung. Denn ein Einstieg – so eine wichtige Regel im Journalismus – entscheidet oft darüber, ob man Leser oder in Ihrem Fall Zuhörer für ein Thema interessieren kann oder nicht. Deshalb sollten Sie sich für den Anfang Ihres Vortrags ein „Lockmittel" überlegen, z. B. eine knallige Headline, eine spannende Einleitung, eine interessante Frage, eine witzige Anekdote. Machen Sie Ihre Zuhörer neugierig auf das, was nun folgt.

Beleuchten Sie das Thema von verschiedenen Seiten. Sparen Sie nicht mit sprachlichen Bildern, Vergleichen usw. Greifen Sie auch bei dieser Übung zu didaktischen Hilfsmitteln (Flipchart, Beamer, Overheadprojektor, Tafel), visualisieren Sie (komplizierte) Zusammenhänge (nach dem Motto: Ein Bild sagt mehr als tausend Worte). Zögern Sie nicht, auch ein Keyword z. B. an die Tafel zu schreiben, um die Bedeutung zu unterstreichen. Zusammenhänge, die Sie durch Pfeile, Kreise oder Ähnliches vor den Augen der Zuschauer visualisieren, werden evidenter – eine Methode, die immer gut ankommt.

Halten Sie mit Ihren Zuhörern Blickkontakt – nicht nur mit den Beobachtern, auch mit den anderen Kandidaten. Werden Sie unterbrochen, gehen Sie auf Zwischenfragen ein. Damit soll Ihre Flexibilität getestet werden. Aber lassen Sie sich nicht auf ein ewiges Zwiegespräch mit einem Zuhörer ein.

Geben Sie Ihren Zuhörern etwas zu denken, beteiligen Sie sie an Ihrem Thema. Wenn diese von sich aus nicht fragen, können Sie um Leben in die Sache zu bringen – natürlich auch selber Fragen stellen. Aber besser ist es, nicht den Einzelnen zu fragen. Das könnte für Ihr jeweiliges Gegenüber peinlich sein. Stellen Sie Fragen am besten an die ganze Runde.

Fassen Sie die wichtigsten Aspekte des Themas am Ende kurz und prägnant zusammen, und kommen Sie zum Schluss, der ähnlich gestrickt sein sollte wie der Anfang – gut unterhaltend.

Empfehlung

Wenn Sie sehr aufgeregt sind, die Hände – unübersehbar – zittern, ist es besser und bringt Sympathiepunkte, wenn Sie das offen und humorvoll ansprechen, als sich völlig zu verkrampfen, in der falschen Hoffnung, dass das niemand sieht. So machen Sie diese kleine Schwäche zu einer Stärke – Ihr Verhalten zeigt, dass Sie auch mit einem kleinen Manko souverän umgehen können.

Das Wie ist bei dieser Aufgabe – mal wieder – fast wichtiger als das Was. Menschen, die unterhalten werden, sind positiver gestimmt und werden Ihnen mit größerem Wohlwollen begegnen. Denken Sie daran, es geht um Ihre Persönlichkeit, Ausstrahlung und Überzeugungskraft.

Eine Prise Humor, ein Zitat, eine angemessene Provokation in der Präsentation bringen Ihnen Pluspunkte. Wenn Sie langweilen, darüber hinaus noch nuscheln und die eine Hand verlegen vor den Mund halten, während Sie mit der anderen nervös durchs Haar gehen, sammeln Sie jede Menge Minuspunkte. So gut kann Ihr Vortrag inhaltlich gar nicht sein, um das wieder auszugleichen.

Sprechen Sie eher etwas langsamer als zu schnell, nutzen Sie die Kunst der effektvoll inszenierten Pause. Übrigens: Den Vortrag beenden Sie bitte nicht mit: „So, das war's." Viel besser: „Ich danke Ihnen" oder einfach „Dankeschön für Ihre Aufmerksamkeit".

Der Postkorbübung müssen Sie sich alleine stellen. In stark begrenzter Zeit sollen Sie eine Vielzahl an Dokumenten durcharbeiten, strukturieren, Wichtiges von Unwichtigem trennen und zeigen, dass Sie auch unter Zeitdruck vernünftige Entscheidungen treffen können und zu diesen stehen. Ihr Führungsverhalten sowie Arbeitsstil und -systematik stehen auf dem Prüfstand. Und Sie werden dabei, aber insbesondere im Anschluss bei der Kritik auch noch beobachtet.

AC-Postkorbübung

Neben der führerlosen Gruppendiskussion ist der Postkorb eine der am häufigsten eingesetzten Übungen im AC. Bei ihr handelt es sich um einen sogenannten Paper-Pencil-Test (bisweilen wird aber auch schon am PC gearbeitet), den jeder Teilnehmer für sich allein zu bewältigen hat. Ihre Aufgabe: Sie müssen als Chef / Vorgesetzter / Geschäftsführer eine große Anzahl von Dokumenten durcharbeiten, die sich in Ihrer Post angesammelt haben, weil Sie länger weg, z. B. auf Dienstreise waren. Unheimlich viele Entscheidungen stehen an – typischerweise auf folgenden Gebieten:

> finanzielle Schwierigkeiten
> geschäftliche Dinge
> familiäre Probleme
> private Krisen

Sie stehen dabei unter enormem Zeitdruck, weil Sie kurz danach wieder auf Dienstreise müssen, in den Urlaub fahren usw.

Die Unmenge der unterschiedlichen Papiere durchzulesen erfordert eigentlich schon den größten Teil Ihrer Bearbeitungszeit. Dann aber wird von Ihnen verlangt, sich in der gegebenen schwierigen Situation (diese ist Ihnen eingangs erklärt worden) sehr schnell für eine angemessene Umgangsweise mit den Ihnen vorgestellten Ereignissen, Anforderungen, Problemen etc. zu entscheiden. Natürlich müssen Sie alles, was Sie zu tun gedenken, auch kurz schriftlich begründen und später mündlich erklären und vertreten (siehe auch Tipps 50 und 52).

Im Einzelnen geht es um folgende Anforderungsmerkmale:

1. Erfassung und Steuerung sozialer Prozesse

> Kontaktfreudigkeit (aktives Zugehen auf andere)

> Einfühlungsvermögen (Erkennen/Berücksichtigen von Bedürfnissen/Gefühlen anderer)

> Integrationsfähigkeit (Fähigkeit zur Konfliktanalyse und -lösung, Bündelung multipler/divergierender Interessen auf ein Ziel hin)

> Kooperationsfähigkeit (kein Dominanzstreben auf Kosten anderer, Verzicht auf Druck- und Machtmittel)

> Informationspolitik (Weitergabe von Informationen)

2. Systematisches Denken, Planen und Handeln

> Abstraktes und analytisches Denkvermögen (Informationsordnung nach vorgegebenen Kriterien)

> Kombinationsfähigkeit im Denken (Übernahme/Verarbeitung von Informationen/Denkstilen anderer, die Fähigkeit, Alternativen zu entwickeln)

> Entscheidungsfähigkeit (Aufsuchen und Verarbeiten aller Informationen, Entscheidungsfreudigkeit/kein Aufschieben, Reflexion der Entscheidungskonsequenzen)

> Arbeitsorganisation (Delegationsfähigkeit, Einhalten von Zeitvorgaben, Belastbarkeit/Stressresistenz, Überblick verschaffen, gewissenhafte Bearbeitung, Konzentrationsfähigkeit)

> Planung und Kontrolle (Strukturierungsvermögen komplexer Sachverhalte)

3. Erkennbares Aktivitätspotenzial

> Arbeitsantrieb/-motivation (Konstanz der Arbeitsleistung bei komplexen Aufgaben)

Bei dem Interview, das häufig im Anschluss an den Postkorb folgt, erkundigen sich Ihre AC-Beobachter (oftmals detailliert) nach den Gründen für Ihre Entscheidungen. Dabei sind sie auf der Suche nach Qualifikationsmerkmalen wie Organisations- und Planungstalent und hoffen, einem systematischen Arbeitsstil mit Fragen nach einem bestimmten Konzept oder Strategien auf die Spur zu kommen. Besonders interessiert sie Ihr Weitblick, d. h., ob Sie auch die Konsequenzen Ihrer Entscheidungen mit berücksichtigt haben. Schlechte Noten handelt sich ein, wer unsystematisch, eher aus dem Gefühl heraus Entscheidungen trifft bzw. sich sogar vor einigen drückt.

Sowohl in der Postkorb-Übung als auch im Interview geht es vor allem um Ihre Belastungsfähigkeit, Auffassungsgabe und Flexibilität. Können Sie vermitteln, dass Sie bei komplexen Aufgaben planvoll und überlegt organisieren, Ihre Arbeitsleistung selbst bei hohem Zeitdruck für eine längere Zeit nicht abfällt, Ihre Konzentration konstant bleibt und Sie bemüht sind, begonnene Arbeiten zügig abzuschließen?

Dann punkten Sie!

Zunächst sollten Sie, um sich einen Überblick zu verschaffen, alle Ihnen vorgelegten Informationen durchlesen und sich parallel auf einem Extrazettel Notizen machen. Stellen Sie dabei folgende Überlegungen in den Vordergrund:

> Haben Sie sich einen Überblick verschafft?
> Lässt sich ein Zeitplan aufstellen?
> Welche Vorgänge/Ereignisse sind wirklich wichtig, von Bedeutung und warum?
> Welche können zu Recht zurückgestellt, zunächst vernachlässigt werden, und warum?
> Wie sind die Zusammenhänge zwischen einzelnen Vorgängen/Ereignissen?
> Welche weiteren Gemeinsamkeiten lassen sich finden?
> Für die Eigenbearbeitung checken Sie folgende Fragen:
> Welche Aufgaben muss man unbedingt selbst bearbeiten?
> Welche Termine müssen eingehalten werden?
> Was passiert, wenn Termine verpasst werden?
> Lässt sich ein Ordnungssystem (Unterscheidungsmerkmale) für die einzelnen Vorgänge finden?
> Wo sind Prioritäten zu setzen, und aus welchen Gründen?
> Und wie ist dabei die Interessenlage?
> Wird bei der Bearbeitung ein systematischer Leitfaden evident?

Folgende Fragen helfen, Entscheidungen für zu delegierende Aufgaben zu finden:

> Was lässt sich an andere Personen delegieren und warum?
> Kontrollfrage dabei: Könnte bei den AC-Beobachtern der Eindruck entstehen, sich vor Entscheidungen, Aufgaben drücken zu wollen?

- Wie lässt sich dabei eine Effizienz- und Erfolgskontrolle gestalten?
- Unterziehen Sie abschließend Ihre Entscheidungen einer kritischen Fragenkontrolle:
- Fließen in die Entscheidungsfindung alle verfügbaren Informationen ein?
- Welche Konsequenzen, möglicherweise Probleme ziehen bestimmte Entscheidungen nach sich? Gibt es dazu Alternativen?
- Wie sind Entscheidungen zu erklären, zu rechtfertigen, zu begründen?
- Sind die Motive für Entscheidungen für die AC-Beobachter einsichtig?

Und denken Sie daran, während der Bearbeitung der Aufgaben möglichst gelassen zu wirken. Denn auch Ihre Körpersprache wird von den Assessoren registriert.

Übrigens gibt es in 99 Prozent der Postkorbübungen keine Königslösung, also keinen einzig richtigen Weg. Wichtig ist vielmehr, dass Sie im Interview auch begründen können, weshalb Sie sich für eine bestimmte Aufgabenverteilung entschieden haben, z. B. „weil Personalfragen immer Chefsache sind" etc.

Auch wenn es in der realen Arbeitswelt durchaus angezeigt ist, Dinge gründlich zu durchdenken – im Postkorb machen Sie damit keine Punkte. Dokumentieren Sie hier Entscheidungsmut und Entschlossenheit. Zeigen Sie ein gutes Maß an Selbstsicherheit und Optimismus.

Ziel der Postkorbaufgabe

> Ihr Entscheidungs- und Führungsverhalten sowie Arbeitsstil und -systematik sollen beurteilt werden.
> Sind Sie in der Lage, Wichtiges von Unwichtigem zu unterscheiden und Prioritäten zu setzen?
> Können Sie Sachaufgaben delegieren und gleichzeitig dabei die Dinge nicht völlig aus dem Auge verlieren, sondern ein System der Effizienz- und Erfolgskontrolle mit einplanen?

In der Regel gibt es für diesen AC-Testbaustein eine Stunde Bearbeitungszeit. Seltener sind kürzere (sogenannte Mini-Postkörbe) oder deutlich längere Aufgabenzeiten.

Oftmals werden Sie dann im unmittelbaren Anschluss oder auch im Verlauf des ACs von Ihren Beobachtern zu einem Nach- / Klärungsgespräch gebeten. Dort dürfen Sie Ihre Entscheidungsergebnisse nochmals erklären, gegebenenfalls rechtfertigen.

Wer im Interview einen zu zögerlichen Eindruck macht, nicht klar erkennen lässt, dass er in der Lage ist, Entscheidungen zu treffen und die sich daraus ableitende Verantwortung zu übernehmen, die Konsequenzen zu tragen, wird mit Kritik und Zweifel an seinem Führungspotenzial rechnen müssen.

Seien Sie tapfer, wenn sich herausstellt, dass Ihre Herangehensweise an die Probleme alles andere als logisch sinnvoll, geschweige denn systematisch und angemessen ist. Warum? Es könnte sein, dass man Sie nur wieder testen will. Nämlich, wie schnell Sie von Ihrem Standpunkt abzubringen sind.

Verkneifen Sie sich auch Entschuldigungen oder Hinweise nach dem Motto: „Wenn die Zeit nicht so knapp gewesen wäre, hätte ich gerne noch dies oder jenes erledigt ..." Erstens wissen die Beobachter selbst, wie viel Zeit zur Verfügung stand, zweitens haben sie Erfahrungswerte, die Auskunft darüber geben, was im Schnitt zu schaffen ist, und drittens wirken Entschuldigungen oder Ausreden nicht überzeugend. Man könnte daraus sogar eine Überforderung oder mangelnde Stressresistenz Ihrerseits ablesen.

Unter **www.pearson.de/onlinecontent** finden Sie ein Beispiel für eine Postkorbaufgabe.

„Wie stellen Sie sich Ihre berufliche und private Zukunft vor?" ist wohl eine der einfacheren Fragen im Interview. Schwieriger wird es, wenn man von Ihnen wissen möchte: „Wie schätzen Sie Ihre Stärken und Schwächen im Vergleich zu anderen Führungskräften ein?" Auf solche und andere Fragen zu beruflichem Werdegang, Aus- und Weiterbildung, beruflicher Kompetenz und Eignung etc. müssen Sie sich gezielt vorbereiten.

AC-Interview

Um spezielle Anforderungen des zu besetzenden Arbeitsplatzes geht es meist im AC-Interview, einem weiteren AC-Baustein in Form eines Frage-und-Antwort-Spiels. Sogar mehrere Einzel- oder Kleingruppeninterviews sind im Verlauf eines ACs denkbar. Parallelen zum AC-Rollenspiel und zum AC-Muster „Einer gegen die anderen" (in diesem Fall AC-Veranlasser bzw. -Beobachter) drängen sich auf, und auch die Assoziation „Verhör" ist durchaus naheliegend.

Klar sollte sein: Es geht darum, dass Sie Auskunft geben. Worüber? Über sich und Ihre Wertewelt; wie Sie sich Ihre Zukunft (beruflich und privat) vorstellen.

Verwechseln Sie das AC-Interview nicht mit einem gewöhnlichen Vorstellungs- bzw. dem AC-Abschlussgespräch oder gar mit dem Small Talk am Mittagstisch oder bei der abendlichen Einladung zum Essen – allzu oft passiert das jedoch, häufig übrigens den AC-Anwendern selbst.

Im AC-Interview können explizit bestimmte Anforderungsmerkmale wie „Führungsneigung und -qualifikation" in den Mittelpunkt einer „Frage-Antwort-Stunde" gerückt werden. In diesem Fall müssten Sie etwa mit den folgenden Fragen vonseiten der Interviewer rechnen:

> Wie kam es zu Ihrer Berufswahl und was missfällt, was gefällt Ihnen an Ihrem Beruf / Ihren Aufgaben / Ihrer Position etc.?
> Welche Schwerpunkte gab es und welche entscheidenden Weggabelungen?
> Wie kam es zur Wahl des jetzigen / letzten Arbeitgebers?
> Was gibt es Interessantes über Sie außerhalb des Beruflichen zu erfahren?
> Wie steht es mit Familie, Hobby, Freizeitgestaltung?
> Welche Prioritätensetzung haben Sie diesbezüglich?
> Wie schätzen Sie Ihre Stärken und Schwächen im Vergleich zu anderen Bewerbern / Führungskräften ein?
> Wo haben Sie Optimierungsfelder?
> Welches Entwicklungspotenzial sehen Sie bei sich selbst?
> Was sind konkrete Entwicklungsfelder?
> Über welche besonderen Entwicklungsfelder bei sich können Sie uns rückblickend berichten?
> Welche Lernfelder sehen Sie für sich in der Zukunft?
> Welchen Stellenwert messen Sie beruflichem Erfolg in Ihrem Leben bei und was sind Sie bereit dafür zu tun?
> Wie sehen Ihre beruflichen Leitbilder aus?
> Welche berufliche Strategie verfolgen Sie im Berufsalltag?
> Wurde Ihnen in Ihrem bisherigen Berufsleben bereits einmal eine Führungsposition angeboten? Wenn ja, wie haben Sie reagiert? Wenn nicht – wie erklären Sie sich das?

- ❯ Worauf führen Sie es zurück, dass Ihnen eine Führungsaufgabe angeboten wurde?
- ❯ Was sind Ihre größten Erfolge als Führungskraft?
- ❯ Wann hatten Sie diese und wie sahen sie im Einzelnen aus?
- ❯ Haben Sie schon einmal daran gedacht, spezielle Arbeitsgruppen und Besprechungskreise zu gründen bzw. dies auch konkret umgesetzt oder erfolgreich angeregt?
- ❯ Können Sie konkrete Beispiele dazu angeben, Ziele und Ergebnisse erläutern?
- ❯ Was würden Sie tun, wenn einer Ihrer Mitarbeiter sich selbst und seine Leistungen ganz anders einschätzt als Sie?
- ❯ Wie würden Sie vorgehen, wenn Sie in Ihrer Abteilung Neuerungen einführen müssten, die bei den Mitarbeitern auf Widerstand stoßen?
- ❯ Haben Sie früher in Ihrem Leben (Schule, Freizeit, Studium, Militär) schon einmal Führungsaufgaben oder -funktionen übernommen?
- ❯ Wie kam es dazu und was haben Sie mit welchem Ergebnis geleistet?
- ❯ Welche Freizeitaktivitäten entwickeln Sie mit bzw. in Ihrem Freundeskreis?

Persönlichkeit, Leistungsmotivation und Kompetenz sind die Oberbegriffe der Anforderungsmerkmale, die auch im AC-Interview im Mittelpunkt stehen. Im Einzelnen geht es um:

1. Erkennbares Aktivitätspotenzial
> Kontaktfähigkeit (aktives Zugehen auf andere)
> Führungspotenzial/-motivation (Anstreben einer Führungsposition/-rolle, Initiativen zur Strukturierung/Koordination sozialer Prozesse)
> Selbstwertgefühl (positiv und erfolgsorientiert, angemessene Selbstsicherheit)
> Durchsetzungsvermögen (Zielstrebigkeit, Durchsetzungsbeharrlichkeit, Stresstoleranz)

2. Ausdrucksfähigkeit
> Mündliche Formulierungsfähigkeiten (flüssige/unmissverständliche Ausdrucksfähigkeit)
> Überzeugungskraft (Vorschläge/Ziele/Methoden werden von anderen übernommen, Argumentation erzeugt bei anderen keinen Widerstand, Flexibilität in Ausdruck/Argumentation)

Insgesamt kommt es im AC-Interview – unabhängig vom Inhalt der Einzelfragen, mit denen Sie konfrontiert werden – auf eine gute Portion Selbstdarstellungsfähigkeit an. Wer von sich und seinen Fähigkeiten angemessen überzeugt und darüber hinaus in der glücklichen Lage ist, andere überzeugen zu können, hat ein leichteres Spiel.

Vor dem AC-Interview sollten Sie sich Gedanken darüber machen, wie Sie folgende Aspekte präsentieren:

> beruflicher Werdegang, Aus- und Weiterbildung
> berufliche Kompetenz und Eignung
> Motive der Bewerbung und Leistungsmotivation
> persönlicher, familiärer und sozialer Hintergrund

Das wird Ihnen umso leichter fallen, je intensiver Sie die Vorbereitung der Bewerbung insgesamt betrieben haben. D. h., bevor Sie sich überhaupt irgendwo bewerben, sollten Sie sich im Klaren über die zentralen Fragen sein:

> Was für ein Mensch bin ich?
> Was kann ich?
> Was will ich?
> Was ist für mich möglich?

Im Stressinterview soll Ihr Verhalten in einer Stresssituation getestet werden. Mit Fragen wie „Was kann Sie so richtig ärgerlich machen?" oder „Was machen Sie, wenn wir Sie nicht nehmen?" will man Sie aus der Reserve locken. Sie sollten Ihre eigene Beantwortungsstrategie entwickeln, damit Sie ganz gelassen ins Stressinterview gehen können.

AC-Stressinterview

Gehen Sie gelassen mit Fragen um, die unter die Gürtellinie gehen

Um Ihre Stress- und Frustrationstoleranz zu testen, setzen AC-Veranstalter gelegentlich auch besondere Interviewtechniken, sogenannte Stressinterviews, ein.

Hauptziel der AC-Interviewer ist es dabei, Sie aus der Reserve zu locken, Sie zu provozieren, Ihr Verhalten in einer Stresssituation zu testen. Es liegt an Ihnen, wie weit Sie sich darauf einlassen und inwieweit Sie vorbereitet sind. Wichtig ist es, Ruhe zu bewahren und gelassen zu bleiben, möglichst kurz und knapp zu antworten, jedoch nötigenfalls darauf hinzuweisen, dass es auch für Ihre Toleranz und Geduld Grenzen gibt. Gern legen Interviewer zwischendurch Schweigepausen ein. Das soll die Kandidaten verwirren, aus dem Konzept bringen. Sie lassen sich natürlich (!) nicht in diese Falle locken, durchschauen diesen Versuch und ertragen ihn mit freundlicher Gelassenheit.

Bitte bedenken Sie auch: Nicht jede kritische Frage ist eine Stressinterview-Eröffnung!

Mit folgenden Fragen sollten Sie rechnen:

> Was spricht gegen Sie als Kandidaten?
> Was sind Ihre Schwächen, Nachteile, Defizite?
> Was haben Sie in Ihrem (Berufs-)Leben trotz Ihrer Vorsätze (noch) nicht erreicht?
> Ihr größter (beruflicher) Misserfolg, Ihre größte Enttäuschung, Niederlage etc.? Berichten Sie ...
> Was haben Sie daraus gelernt, welche Konsequenzen gezogen?
> Wovor fürchten Sie sich?
> Was kann Sie so richtig ärgerlich machen?
> Was mögen Sie nicht, schätzen Sie bei ... nicht, haben Sie Schwierigkeiten ... (bei der Arbeit, am Arbeitsplatz, tätigkeits- und personenbezogen, bei Kollegen, Mitarbeitern, Vorgesetzten, sich selbst)?
> Stellen Sie uns aus Ihrer beruflichen Laufbahn (aus Ihrem Werdegang, Leben) Negativ-(Anti-)Vorbilder vor und erklären Sie ...
> Was würden Sie in Ihrem (Berufs-)Leben anders machen, wenn Sie es könnten (wenn Sie noch mal von vorn anfangen könnten)?
> Was wollen Sie wann und wie (beruflich) in Ihrem Leben erreicht haben?
> Was sind Ihre persönlichen (beruflichen) Ziele, Ihr Motto (bis hin zum Sinn des Lebens)?
> Wie definieren Sie für sich die Begriffe Führung, Verantwortung, Schwäche, Leistung etc.?
> Wie sollte Ihr Stellvertreter sein?
> Worin sollte er Sie ergänzen? Was sollte er haben, vorweisen, was Sie nicht haben?
> Was machen Sie, wenn wir Sie nicht nehmen?
> Was würden Sie tun, wenn Sie nicht mehr arbeiten müssten?

> Überfordert Sie diese Tätigkeit nicht?
> Sind Sie für diese Position nicht viel zu jung / zu alt?
> Lässt Ihr beruflicher Werdegang nicht jeden roten Faden vermissen?

Missverstehen Sie aber nicht jede kritische Frage als den Beginn eines Stressinterviews, und begegnen Sie Ihrem AC-Interviewpartner nicht von vornherein misstrauisch.

Das Schwierige an Stressinterviews sind nicht nur die Fragen allein. Man versucht auch auf andere Art und Weise, Sie aus der Fassung zu bringen, indem man Sie zwischendurch z. B. lange warten lässt, Schweigepausen während des Interviews einlegt oder zynische Zwischenbemerkungen macht. Manch einem Interviewer scheint es richtig Spaß zu machen, Sie derartig unter Druck zu setzen. Da Sie aber die Spielregeln durchschauen, wird ihm das nicht gelingen, oder?! Bleiben Sie zumindest äußerlich ganz gelassen und souverän!

Intime Details, Ihre Entscheidung bei der letzten Bundestagswahl etc. gehen niemanden etwas an. Weisen Sie derartige Fragen zurück – selbstverständlich auf freundliche Art. Zeigen Sie, dass Sie Grenzen setzen können.

Wenn Sie wegen Nichtbeantwortung einer Frage Nachteile befürchten, ist es bei bestimmten Themen auch möglich, eine Notlüge zu gebrauchen. Laut Bundesarbeitsgericht muss man unzulässige Fragen (z. B. nach privaten Plänen) nicht wahrheitsgemäß beantworten, wenn davon auszugehen ist, dass von der Antwort die Vergabe des Arbeitsplatzes abhängen könnte.

Lassen Sie sich im Interview nicht „verführen" oder dazu hinreißen, Dinge auszuplaudern, die Sie eigentlich nicht mitteilen wollten. Gehen Sie in schwierigen Situationen diplomatisch vor, bewahren Sie Haltung und Gelassenheit. Das Motto könnte lauten: kontrollierte Spontaneität.

Grundsätzlich sollten Sie aber auf unangenehme Fragen vorbereitet sein. Sie selbst wissen am besten, was für Sie heikle, schwierige Fragen bzw. Themen sein könnten. Auch wenn Sie nicht alle Fragen vorwegnehmen oder vorbereiten können: Es kommt darauf an, eine generelle Beantwortungsstrategie und Umgangsweise für sich zu entwickeln, um mit dieser Situation gut fertigzuwerden.

Im schärfsten Krisenfall hilft auch einfach mal die Antwort: „Darüber muss ich erst einmal nachdenken, das möchte ich jetzt nicht weiter kommentieren!" Oder: „Wenn das wirklich Ihre Meinung / Einschätzung ist, muss ich dies respektieren!"

Die 11 wichtigsten Verhaltensregeln für das AC-Interview

1. Hören Sie aufmerksam und konzentriert zu.
2. Halten Sie angemessenen Blickkontakt.
3. Beobachten Sie genau (ohne zu mustern).
4. Überlegen Sie, bevor Sie antworten, nehmen Sie sich die Zeit.
5. Scheuen Sie sich nicht nachzufragen.
6. Reden Sie lieber etwas weniger als zu viel.
7. Lassen Sie Ihren Gesprächspartner (aus-)reden.
8. Warten Sie ab, stehen Sie auch mal eine kleine Gesprächspause durch.
9. Seien Sie lieber etwas mehr zurückhaltend als zu wenig.
10. Bleiben Sie sachlich, ruhig, geduldig und gelassen.
11. Last but not least: Versuchen Sie, die wichtigsten Regeln der Körpersprache zu berücksichtigen (siehe auch Tipps 79 – 84).

Bei Assessment Centern handelt es sich um eine Kombination von Einzelaufgaben. Hierbei kommen u. a. die sogenannten Paper-Pencil-Tests (Bleistift-Papier-Tests) zum Einsatz, also Verfahren, bei denen der Kandidat auf sich allein gestellt Antworten aufschreiben oder ankreuzen muss. Zum Einsatz kommen dabei klassische psychologische Testverfahren wie die sogenannten Intelligenz-, Leistungs- und Konzentrationstests, vor allem aber Persönlichkeitstestverfahren. Hier stellen wir Ihnen die wichtigsten Tests vor.

Noch mehr Tests

Rechnen Sie mit verschiedenen Paper-Pencil-Tests

Diese Tests müssen Sie ganz auf sich allein gestellt bewältigen. Viele der Paper-Pencil-Tests können auch am PC ablaufen oder sogar von Ihnen zu Hause an Ihrem eigenen Computer in einem Online-Testverfahren abverlangt werden. Folgende Übersicht nennt die gängigsten Testverfahren, systematisiert nach Anforderungen und Aufgabentypen:

1. Allgemeine intellektuelle Fähigkeiten

> 1.1 Allgemeinwissen
> 1.2 Spezielle berufsbezogene (Vor-)Kenntnisse
> 1.3 Logisches Denken / Abstraktionsfähigkeit
> 1.4 Merkfähigkeit / Kurzzeitgedächtnis
> 1.5 Gestaltwahrnehmung

2. Spezielle intellektuelle Fähigkeiten

> 2.1 Sprachbeherrschung / verbale Intelligenz
> 2.1.1 Wort- und Sprachverständnis
> 2.1.2 Rechtschreibung
> 2.1.3 Schriftliche Ausdrucksfähigkeit (Aufsatz)
> 2.1.4 Mündliche Ausdrucksfähigkeit
> 2.1.4.1 Vorstellungsgespräch
> 2.1.4.2 Gruppendiskussion
> 2.1.4.3 (Kurz-)Vortrag
> 2.2. Praktisch-technische Intelligenz
> 2.2.1 Rechenfähigkeit / mathematisches Denken
> 2.2.2 Technisches Verständnis
> 2.3 Räumliches Vorstellungsvermögen

3. Arbeitsverhalten

> 3.1 Konzentrationsvermögen / Ausdauer / Belastbarkeit
> 3.2 Ordnung und Sorgfalt
> 3.3 Arbeitsorganisation

4. Persönlichkeitsmerkmale

> 4.1 Leistungsbereitschaft
> 4.2 Kontaktfähigkeit
> 4.3 Anpassungsfähigkeit
> 4.4 Emotionale Stabilität

Oftmals werden Ihnen solche Testaufgaben bereits vor dem eigentlichen AC aufgegeben, z. B. wenn Sie diese von zu Hause aus unter einer speziellen Internetadresse bearbeiten müssen. Die Ihnen zugestandene Bearbeitungszeit beträgt etwa 1 – 5 Stunden.

Nicht immer kommt es aber zu einer größeren Testaufgaben-Bearbeitung.

Durch den Einsatz klassischer Persönlichkeitstests im Assessment Center wollen Unternehmen einen maximalen Einblick in die Psyche des Bewerbers und seine allgemeinen Verhaltensweisen erlangen, insbesondere aber in seine möglichen Reaktionsweisen bei bestimmten Situationen (z. B. Konflikten).

Damit versucht man Antworten auf Fragen zu bekommen wie: Passt dieser Bewerber zu uns, fügt er sich möglichst reibungslos in das vorhandene Arbeitsteam ein? Ist er ein einsatzbereiter, leicht zu „handhabender", gut funktionierender potenzieller Mitarbeiter?

Ergründet werden sollen die Charaktereigenschaften, Wesenszüge und die Persönlichkeit des Bewerbers. Sie spielen bei der Personalentscheidung eine zentrale Rolle.

Die Frage ist nur: Was ist eigentlich Persönlichkeit und / oder Charakter? Die Psychologie ist sich hier ebenso wie beim Intelligenzbegriff uneinig. Es existieren etliche, zum Teil widersprüchliche Persönlichkeitsmodelle und -theorien, die sich diesem Spezialgebiet widmen. Nicht nur aus diesem Grund sind unserer Meinung nach derlei Tests äußerst fragwürdig. Wir halten den absoluten Anspruch des Arbeitgebers, durch den Einsatz von Persönlichkeitstests genau feststellen zu wollen, um welche Bewerber- bzw. Mitarbeiterpersönlichkeit es sich handelt, vor allem für eine rechtswidrige Ausnutzung eines Abhängigkeitsverhältnisses und eine Verletzung grundlegender Persönlichkeitsrechte.

Im Wesentlichen geht es bei dieser Art von Tests um vier Persönlichkeitsmerkmale, aufgrund derer man glaubt, entscheiden zu können, ob Sie für eine bestimmte Position der richtige Bewerber sind:

Die sozialen Komponenten (Sozialverhalten)

(oder: Wie gehen Sie mit anderen um? Wie kommen Sie mit anderen klar?)
unterteilt nach
> Kontaktfähigkeit
> Teamfähigkeit
> Verträglichkeit
> Einfühlungsvermögen

Die berufliche Orientierung (Macht- und Leistungsanspruch)

(oder: Was für berufliche Ziele haben Sie? In welcher „Liga", auf welcher Ebene wollen Sie spielen?)
unterteilt nach
> Führungsmotivation
> Durchsetzungsfähigkeit
> Gestaltungsmotivation
> Leistungsmotivation

Das Arbeitsverhalten (Arbeitsweise)

(oder: Wie ist Ihr Arbeitsstil? Wie gehen Sie an Aufgaben heran?)
unterteilt nach
> Handlungsorientierung
> Flexibilität
> Gewissenhaftigkeit
> Einfallsreichtum

Die psychische Konstitution (Seelenzustand)

(oder: Wie normal, wie stabil, wie gesund sind Sie?)
unterteilt nach

> Selbstbewusstsein
> Emotionale Stabilität
> Belastbarkeit
> Sympathiemobilisierungspotenzial

Diese vier Persönlichkeits-Themen lassen sich sehr gut unter dem Kürzel SOAP merken.

Ein Bewerber gilt als emotional stabil, wenn er z. B. ...

... nicht grundlos Stimmungsschwankungen unterliegt,

... nicht von diffusen Ängsten und Sorgen gequält wird,

... keine Schuldgefühle kennt,

... nicht zum Perfektionismus neigt,

... nicht launenhaft ist,

... nur sehr selten krank ist,

... keine Schwierigkeit hat, sich auf seine Arbeit zu konzentrieren,

... keine Tagträumereien kennt,

... mit seinem Leben zufrieden ist und sich ein neues Leben genauso wünschen und vorstellen würde,

... nicht unter Platzangst leidet,

... seine Arbeit plant und ihr zügig nachgeht,

... sich selten schlecht oder elend fühlt,

... gewöhnlich nicht nervös, sondern ausgeglichen ist,

... nach dem Aufwachen frühmorgens frisch und munter ist,

... nicht unter Schlafstörungen leidet,

... nicht wetterfühlig ist,

... sich durch Unordnung nicht stören lässt,

... nicht unter Kopfschmerz, Migräne oder Schwindelanfällen leidet,

... sich nur wenig um die eigene Gesundheit sorgt,

... sich den Anforderungen des Lebens gut gewachsen fühlt,

... Toleranz zeigt,

... Selbstvertrauen hat und keine Minderwertigkeitsgefühle kennt,

... nicht impulsiv handelt,

... nicht zu Grübeleien neigt,

... sich nicht unverstanden, verkannt oder im Stich gelassen fühlt,

... nicht unter Appetitlosigkeit leidet

... usw. usw.

Jemand wird als kontaktfähig eingestuft, wenn er z. B. ...

... von der Grundstimmung her Optimist ist,

... sich zusammen mit vielen Menschen wohlfühlt,

... sich gern mit Freunden trifft,

... schnell Freundschaften schließt,

... über einen großen Bekannten- und Freundeskreis verfügt,

... aktiv, gesprächig, temperamentvoll, kurzum lebhaft ist,

... gerne und oft ausgeht,

... glaubt, erfolgreich zu sein,

... sich auch in großen Gruppen unbefangen fühlt,

... in der Lage ist, in Gesellschaften aus sich herauszugehen,

... die Geselligkeit anderer Leute sucht,

... gewöhnlich bei neuen Bekanntschaften die Initiative ergreift,

... in Gruppen gerne eine Führungsposition übernimmt,

... gesellige Freizeitbeschäftigungen bevorzugt,

... sich leichter auf Risiken einlässt,

... Berufe bevorzugt, die Kontakt zu anderen Menschen schaffen bzw. herstellen,

... lieber telefoniert als Briefe schreibt,

... eher auf eine Party geht als ein Buch liest,

... sich schlagfertig einschätzt und immer eine passende Antwort parat hat,

... auch gerne mal einen Witz erzählt,

... selbst in kritischen Situationen bei Problemen und Ärger die gute Laune behält,

... es für wichtig hält, allgemein beliebt zu sein,

... keine Hemmungen beim Sprechen vor größeren Gruppen hat

... usw. usw.

Leistungsbereitschaft drückt sich aus, wenn man z. B. ...
... Arbeiten nicht aufschiebt,
... begonnene Arbeiten nicht liegen lässt,
... sich bei der Arbeit nur schwer unterbrechen lässt,
... planvoll arbeitet, überlegt und organisiert und sich vorher genau überlegt, was zu tun ist,
... einen detaillierten Zeitplan aufstellt,
... sich auf seine Arbeit leicht konzentrieren kann,
... sich z. B. auf Prüfungen intensiv vorbereitet,
... einen Wettkampf nicht scheut,
... die eigene Leistung und Fähigkeit mit der anderer vergleicht,
... Ehrgeiz zeigt und seine Ziele mit Entschlossenheit verfolgt,
... den Erfolg anderer beneidet,
... Gewinner und deren Leistungen bewundert,
... genug Kraft besitzt, um mit eigenen Problemen fertigzuwerden,
... gerne eine wichtige oder berühmte Persönlichkeit sein möchte,
... selbst in den Ferien an die Arbeit denkt,
... sich ständig bemüht zeigt voranzukommen,
... seine Freizeit erst dann genießt, wenn die Arbeit getan ist,
... Faulheit ablehnt,
... Sätze wie „Ohne Fleiß kein Preis" gut findet
... usw. usw.

So bewältigen Sie den Persönlichkeitstest 16PF

Auf gerade mal 16 gegensätzliche Persönlichkeitsmerkmale reduziert dieser Persönlichkeitstest den Menschen. Es geht um:

> Sachinteresse versus Kontaktinteresse
> Konkretes Denkvermögen versus abstraktes Denkvermögen
> Emotionale Labilität versus emotionale Stabilität
> Soziale Anpassung versus Dominanzstreben
> Besonnenheit versus Begeisterungsvermögen
> Flexibilität versus Pflichtbewusstsein
> Zurückhaltung versus Selbstsicherheit
> Robustheit versus Sensibilität
> Vertrauen versus Misstrauen
> Pragmatismus versus Fantasie
> Offenheit versus Cleverness
> Selbstvertrauen versus Besorgtheit
> Sicherheitsdenken versus Veränderungsbereitschaft
> Teamfähigkeit versus Einzelgängertum
> Spontaneität versus Selbstkontrolle
> Ausgeglichenheit versus Angespanntheit

Weiterhin werden noch **5 Zusatzfaktoren** ermittelt:

> starke Normorientierung versus geringe Normorientierung
> große Stresstoleranz versus geringe Stresstoleranz
> große Autonomie versus geringe Autonomie
> große Entscheidungsfreudigkeit versus geringe Entscheidungsfreudigkeit
> starker Kontaktwunsch versus geringer Kontaktwunsch

Eine ausführliche Darstellung finden Sie unter
www.pearson.de/onlinecontent.

AC-Konstrukteure haben den freundlich klingenden Begriff Kreativitätsüberprüfung für den sogenannten Satzergänzungstest erfunden. Letztlich aber steckt nichts anderes als eine besondere Art von Persönlichkeitstest hinter diesem Verfahren.

Man legt Ihnen Satzanfänge vor und bittet Sie, den unvollständigen Satz nach Ihren Vorstellungen zu beenden, z. B.:

> ❯ Ich möchte gerne ...
> ❯ Ich fürchte ...
> ❯ Ich mag es nicht, wenn ...

Egal, wie diese Sätze anfangen, es geht darum, Ihnen Gedanken, Statements, Meinungen etc. zu entlocken, die dann entsprechend interpretiert werden sollen. Dass dieses Verfahren unseriös ist und Sie sich eigentlich weigern sollten, so etwas mitzumachen, ist eine Empfehlung – wenn auch in der Zwangssituation Bewerbung oftmals nicht realisierbar.

Auch wenn es scheinbar um andere Personennamen geht, wie z. B. ...

> ❯ Karl ist immer ...
> ❯ Marion mag es, wenn man ...

... handelt es sich dabei um Sie, d. h., die Vervollständigung des Satzes soll Rückschlüsse auf Ihre Persönlichkeitsstruktur ermöglichen.

Halten Sie Ihre Antworten knapp und sozial erwünscht, d. h. schlicht, positiv, unkompliziert, taktvoll etc. Bleiben Sie sachlich, vermitteln Sie den Eindruck, dass Sie sich um aufrichtige Antworten bemüht haben, und bewegen Sie sich im sozial unverfänglichen und konfliktfreien Klischee. Hier drei Negativ-Beispiele, wie Sie es bitte nicht machen.

Negativ-Beispiele

Ich fürchte ... nicht den richtigen Erfolg zu haben.

Früher war ich ... ein bisschen schüchterner als meine Freunde.

Es ärgert mich besonders, wenn ... man mir nicht glaubt.

Diesen Beispielen seien andere, bessere Ergänzungsmöglichkeiten gegenübergestellt:

Positiv-Beispiele

Ich fürchte ... mich nicht.

Früher war ich ... ein erfolgreicher Torwart unserer Schulmannschaft.

Es ärgert mich besonders, wenn ... andere Menschen abergläubisch sind.

Verdeutlichen Sie sich positive Verhaltensklischees, die man von Ihnen erwarten kann. Machen Sie sich noch einmal klar: Es geht nicht um Wahrheit oder Ihre reale persönliche Meinung.

Banal wirkende Sätze sind keine Gefahr, sondern eher ein Indiz dafür, dass Sie kein Neurotiker sind.

Weitere Positiv-Beispiele:

Ich kann nicht …
Antwort: … klagen.

Wenn ich einen Fehler mache, dann …
Antwort: … bemühe ich mich, ihn zu korrigieren.

Als man mir sagte, das könne ich nicht …
Antwort: … bat ich, es doch einmal versuchen zu dürfen.

Wenn alles misslingt, dann …
Antwort: … suche ich nach der Ursache und beseitige sie.

Möglich, dass Ihnen beim AC-Einstellungstest-Teil bunte Bildchen vorgelegt werden, die Sie dann beurteilen sollen. So ist es uns von vielen Teilnehmern bei Einstellungsverfahren im Bankbereich berichtet worden. Dieser merkwürdige Persönlichkeitstest läuft folgendermaßen ab:

Beispiel

Mehrere Dias mit Darstellungen von unterschiedlichen grafischen Figuren werden den Kandidaten mit der Entscheidungsaufgabe präsentiert: Welches Bild gefällt Ihnen besser?

In einer zweiten Diaserie werden – dargestellt durch ein Strichmännchen – Vorher-/Nachher-Situationen gezeigt: So sieht man z. B. ein Männchen, das auf dem einen Bild einen Zaun streicht; auf dem anderen ist zu sehen, wie es den fertig gestrichenen Zaun in stolzer Pose von einem anderen Strichmännchen bewundern lässt.

Oder: Bild A zeigt ein Strichmännchen am Schreibtisch mit vielen Papieren und Bild B ein zufriedenes Strichmännchen, das sich nach getaner Arbeit ausruht. Auch hier wird die gleiche Entscheidungsfrage gefällt, d. h.: Welches Bild gefällt Ihnen besser?

Zugegebenermaßen sind uns die genauen Auswertungskriterien bei dem hier beschriebenen Test unbekannt. Wir können uns aber vorstellen, dass eine Chance, ungeschoren davonzukommen, darin besteht, sich vorsichtig und bedeckt zu halten und weder das eine noch das andere Extrem (also immer nur oder überwiegend die

Arbeits-, Aktions- bzw. immer nur die Ergebnis- u. Erholungsbilder) anzukreuzen.

Nach unserer Einschätzung handelt es sich nicht um einen klassischen und wissenschaftlich diskutierten Test. Mit einiger Fantasie kann man sich aber vorstellen, dass es hier um Motivation und Leistungsbereitschaft geht und dass Bewerber, die zu oft im Sinne einer sozial erwünschten Haltung entscheiden (= zu viel arbeitsorientierte Bildchen ankreuzen), also stark handlungs-/aktionsorientiert erscheinen, sich genauso verdächtig machen wie Bewerber, die ständig von „wenn alles getan ist …" träumen, sich also zu sehr ergebnis-/erfolgsorientiert präsentieren.

Empfehlung

Je höher die Position ist, die Sie anstreben, d. h. eng verbunden etwa mit Personalführungsanforderungen, desto wahrscheinlicher ist hier ein positives Abschneiden bei den Ergebnis-Bildern zu vermuten. Sie wollen Ziele erreichen und weniger selbst Hand anlegen, so könnte man dieses Testergebnis interpretieren.

Was aussieht wie die letzten Formalitäten vor dem endgültigen Arbeitsvertrag, ist nichts anderes als eine weitere Art von Persönlichkeitstest. Wenn Sie als AC-Kandidat dazu aufgefordert werden, „noch mal schnell den Personalfragebogen" auszufüllen, freuen Sie sich bitte nicht zu früh. Das heißt nämlich noch lange nicht, dass Sie es geschafft haben. Neben den persönlichen Daten (Name, Adresse, Alter, Bildungsabschlüsse, Schuhgröße usw.) werden überwiegend Fragen aus folgenden Bereichen gestellt:

> Ursprungsfamilie (Größe, Ausbildung und Beruf der Eltern)
> eigene Familie (Größe, Alter der Kinder, Ausbildung und Beruf des Partners)
> Kindheit / Jugend (elterlicher Erziehungsstil sowie prägende Erfahrungen)
> schulischer Werdegang (geliebte / ungeliebte Fächer, Leistungen, Anpassung an Lehrer / Mitschüler)
> Ausbildung (Berufswahl, Ausbildungsschwerpunkte, Gründe für eventuelle Fehlleistungen)
> Arbeits- / Berufserfahrung (Gründe für die Arbeitsplatzwahl, besondere Kenntnisse / Fähigkeiten, Häufigkeit von Arbeitsplatzwechseln, Gründe und zeitlicher Verlauf)
> Freizeitgestaltung / Interessen (Hobbys, soziales Engagement, außerberufliche Aktivitäten)
> Selbsteinschätzung (besondere Stärken und Schwächen, Gründe für Fehl- und Rückschläge, Entwicklungs- und Verbesserungschancen)
> Lebensziele (berufliche und persönliche Ziele, auch bezüglich der Kinder, optimistische / pessimistische Zukunftseinschätzung)

Aber auch Fragen, die Sie angeblich ganz frei beantworten sollen, z. B. in Form einiger Zeilen bis hin zum Kurzaufsatz, können es in sich haben.

Beispiele

> Welche Menschen bewundern Sie am meisten (bitte Namen nennen)?
> Nennen Sie einige von Ihnen bevorzugte Bücher!
> Welchen Beruf würden Sie wählen, wenn Sie ohne Rücksicht auf Gehalt und Vorbildung frei wählen könnten?

Also: Bevor Sie sich detailliert äußern, ob schriftlich oder gar auf dem Papier, überlegen Sie, welches Bild Sie von sich aufzeigen, in den Köpfen Ihrer Beurteiler entstehen lassen wollen und ob dies durch das, was Sie jetzt sagen oder schreiben, wirklich unterstützt wird.

Entscheidend ist, dass Sie ein Persönlichkeitstestverfahren als solches erkennen. Zweitens ist es wichtig zu wissen, wer und vor allem wie man ist, also die eigene Persönlichkeit, die eigenen Charaktermerkmale möglichst gut zu kennen. Drittens ist es unbedingt notwendig, in Erfahrung zu bringen, was die andere Seite (die AC-Beobachter, der Arbeitgeber) für Persönlichkeitsmerkmale erwartet bzw. wünscht. Und viertens muss es einem gelingen – leichter gesagt als getan –, das Übermitteln dieser Merkmale glaubhaft zu gestalten.

Es ist schwer, generelle Empfehlungen für das Bearbeiten von Persönlichkeitstests auszusprechen, aber achten Sie darauf, die Fragen nicht zu extrem in eine Richtung anzukreuzen. Es geht um die „richtige Mischung" aus folgenden drei Komponenten:

1. Wie stellt sich der Arbeitgeber den idealen Bewerber für diese Position/Aufgabe vor?
2. Wie glauben Sie wirklich zu sein?
3. Ausweichen auf die „Teils-teils"-Position oder mal diese, mal jene Richtung ankreuzen bzw. Haltung/Einschätzung vertreten.

Wichtig ist es auch, eine optimistische Grundhaltung auszustrahlen. Diese sollte sich nicht nur in Ihrem Auftreten (siehe auch Tipps 79–85 zu Körpersprache, Mimik, Gestik etc.), sondern auch in der Beantwortung der Tests widerspiegeln. Denken Sie daran, wenn Sie nach Ihren Zukunftsvorstellungen, großen Plänen und Wünschen gefragt werden.

Intelligenztests geben vor, dass sie die Intelligenz testen könnten, und viele glauben auch daran. Fest steht aber: Der Intelligenzbegriff ist nicht genau zu definieren, geschweige denn unumstritten. In der Wissenschaft sind die meisten IQ-Tests – so nennt man sie – out. In ist dafür der Begriff der emotionalen Intelligenz, abgekürzt EQ, oder andere Begriffe wie soziale Intelligenz bzw. soziale Kompetenz. Aber zurück zu den immer noch im AC häufig eingesetzten klassischen Intelligenztestaufgaben:

Bei den Intelligenztests kommen in erster Linie Aufgaben aus dem Anforderungsbereich „logisches Denken / Abstraktionsfähigkeit" zum Einsatz. Unter logischem Denken wird ein folgerichtiges, schlüssiges, gültiges, sogenanntes „denkrichtiges" Denken verstanden, das zu einleuchtenden, offenkundig und selbstverständlich richtigen Schlussfolgerungen und Aussagen führt. Logisch, dass AC-Veranstalter über diese Art zu denken verfügen (möchten) und deshalb auch ihre Kandidaten oftmals bezüglich dieser Qualitäten einer ausführlichen Prüfung unterziehen. Welcher Arbeitgeber hätte schließlich nicht gern solche Mitarbeiter? Der Haken: Die Tests halten nicht, was sie versprechen. Also: Ob Intelligenztests wirklich die Intelligenz testen, darf bezweifelt werden.

Dass so mancher Intelligenztest seinen Namen nicht verdient, wird deutlich, wenn man sich einmal die Fragen vor Augen führt, die in solchen Tests gestellt werden. Kurzum: Intelligenztests sind selbst in wissenschaftlichen Kreisen sehr umstritten.

Beispiele

> Wie lang ist ein 10-Euro-Schein?
> Wie groß ist im Durchschnitt ein sechsjähriges Kind?
> Oder: Was ist das Wichtigste am Fernseher?

   a) der Kontrastregler
   b) die Antenne
   c) die Bildröhre
   d) der Abstellknopf

Oder es kommen andere knifflige Fragen vor, wie z. B.:

> Welcher Tag war vorgestern, wenn der Tag nach übermorgen zwei Tage vor Samstag liegt ...?

Mithilfe unterschiedlicher Testaufgabentypen versucht man die Logik- und Abstraktionsfähigkeit der Getesteten zu überprüfen. Es lassen sich grafische Aufgaben, sprachliche (z. B. Analogien) und Zahlenaufgaben(-reihen) unterscheiden. Natürlich lässt sich diese Art der Aufgaben auch trainieren. Im Folgenden erhalten Sie dazu einige Beispiele.

Beispiele

Sie sehen ein Rechteck mit acht Figuren. Welcher der vorgegebenen neun Lösungsvorschläge (rechts, a – i) passt als Einziger in das freie neunte Feld?

 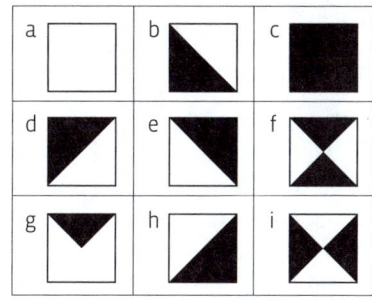

Lösung: b

Die schwarze Fläche der ersten Figur addiert mit der schwarzen Fläche der zweiten Figur ergibt (sozusagen als Summe) die dritte Figur. Dieses Prinzip gilt sowohl in vertikaler wie in horizontaler Richtung – ein wichtiger Hinweis für die generelle Bearbeitung dieses Aufgabentyps.

Weitere Aufgaben

1. Wie lautet das fehlende Wort bei der folgenden Wortgleichung? Muster verhält sich zu Entwurf wie Maschine zu ...?

   a) Antrieb

   b) kaputt

   c) Räder

   d) Arbeit

   e) Konstruktion

2. Die folgenden Zahlenreihen sind nach bestimmten Regeln aufgebaut. Wie lautet die nächste Zahl in der Reihe?

   a) 81 9 18 2 11 ?

   b) 2 5 11 23 47 ?

   c) 18 20 10 14 6 12 6 14 ?

Aber auch Aufgaben wie diese sind zu lösen:

3. Wenn es um die Wurst geht, ist Rambo nicht der schnellste Hund. Waldi und Bonzo sind gleich schnell. Ringo ist schneller als Bonzo, aber doch langsamer als Fiffi. Ricky ist langsamer als Waldi, aber bedeutend schneller als Hektor. Rambo ist schneller als Ricky und Hektor ist ein guter Futterverwerter. Welcher Hund kriegt die Wurst (am schnellsten)?

Jetzt geht es um logisches Denken und Abstraktionsvermögen – die Realität ist außer Kraft gesetzt. Welche Aussage a) – d) ist logisch richtig?

4. Nur schlechte Menschen betrügen oder stehlen.
   Elfriede ist gut.
   Also was stimmt (im Sinne von logisch richtig!)?

   a) Elfriede ist ein guter Mensch.

   b) Elfriede betrügt und stiehlt nicht.

   c) Elfriede ist nicht schlecht.

   d) Gute Menschen wie Elfriede betrügen oder stehlen nicht.

   e) Schlechte Menschen betrügen.

Lösungen:

1. e)

2. a) $\frac{11}{9}$ (System : 9 + 9 ...)

   b) 95   (System × 2 + 1 ...)

   c) 10   (System + 2 – 10, + 4 – 8, + 6 – 6, + 8 – 4 ...)

3. Fiffi

4. a) – d) falsch, denn Elfriede ist nicht als Mensch definiert, sie könnte z. B. ein Testschwein sein – und dass gut und böse Gegensätze sind, ist hier ja außer Kraft gesetzt. Nur e) ist richtig.

Unter **www.pearson.de/onlinecontent** finden Sie weitere Beispielaufgaben.

Sehr häufig werden Tests eingesetzt, von denen sich die Anwender versprechen, etwas über Ihr allgemeines Konzentrations- und Leistungsvermögen zu erfahren. Ob das in der Stresssituation eines Einstellungstests überhaupt möglich ist, kann bezweifelt werden.

Am liebsten würde man Bewerbern eine Arbeitsaufgabe vorlegen und ihnen beim Lösen über die Schulter schauen, um daraus zuverlässig vorhersagen zu können: Dieser Bewerber kann gut, schnell und konzentriert arbeiten.

Dieser Wunsch ist verständlich, aber deshalb nicht weniger unmöglich. Es ist unrealistisch, aus einem Arbeitsproben-Miniausschnitt Rückschlüsse auf das Lern- und Arbeitsverhalten ganz allgemein zu ziehen.

Der Arbeitskreis Assessment-Center e. V. hat 1992 erstmals Empfehlungen in Form sogenannter Standards formuliert, denen ein AC genügen muss. Auch er kritisiert den Einsatz von Leistungstests im AC als problematisch und zählt ihren Gebrauch im AC sogar zu den Verstößen gegen die von ihm aufgestellten Standards (vgl. Hermann-Josef Fisseni / Georg P. Fennekels: Das Assessment Center. Eine Einführung für Praktiker. Verlag für angewandte Psychologie. Göttingen 1995, Seite 66). „Die üblichen Leistungstests sind kaum je nach jenen Aufgabenbereichen konstruiert, die das Assessment Center prüfen will. In diesem Sinne widerspricht die Generalität des Leistungstests der Spezifizität des Assessment Centers" (Fisseni / Fennekels, a. a. O., Seite 67).

Nichtsdestotrotz müssen Sie damit rechnen, mit solchen Aufgaben konfrontiert zu werden. Deshalb ist es gut zu wissen, was auf Sie zukommen kann und wie man diese Tests am besten bewältigt (siehe dazu auch nächster Tipp).

Zwei Beispiele für Aufgabentypen aus diesem Bereich:

1. Buchstaben durchstreichen

Unzählige Buchstabenreihen tauchen vor dem Auge des Betrachters auf. Die Aufgabe: In den Buchstabenreihen müssen alle d, die zwei Striche haben, durchgestrichen werden, d, die mehr oder weniger als zwei Striche haben (oben / unten), dürfen nicht durchgestrichen werden, ebenso wenig wie alle b und q.

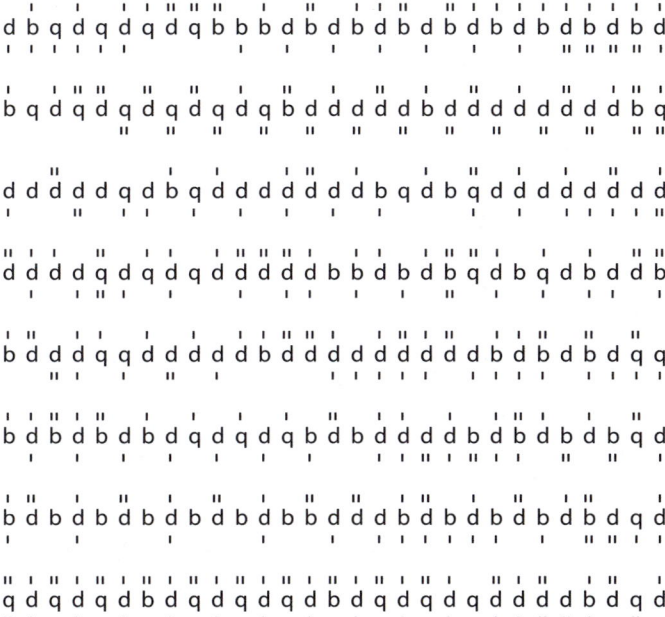

2. Leistungs- und Konzentrationstest

Typisch sind folgende Aufgaben: Die obere Zeile wird zuerst ausgerechnet. Das Ergebnis darf nicht notiert, sondern muss im Kopf behalten werden. Nun ist die untere Zeile auszurechnen, und auch dieses Ergebnis ist zu memorieren. Jetzt gilt folgende Regel: Stets ist die kleinere Zahl von der größeren abzuziehen und nur dieses Ergebnis ist aufzuschreiben. Es dürfen keine Nebenrechnungen oder sonst irgendwelche Notizen gemacht werden.

Beispiel:

2 + 8 − 7

4 + 5 − 2   Ergebnis: 4

Obere Zeile: Ergebnis: 3

Untere Zeile: Ergebnis: 7

7 − 3 = 4, nur die 4 darf als Lösung niedergeschrieben werden.

Es folgen dann unzählige dieser Rechenaufgaben. Nach dieser Rechenoperation fangen Sie mit folgender Variante von vorne an: Ist das Ergebnis der oberen Zeile größer als das Ergebnis der unteren Zeile, müssen Sie jetzt die untere Zeile von der oberen abziehen (wie gehabt). Ist das Ergebnis der oberen Zeile kleiner als das Ergebnis der unteren Zeile, müssen Sie es dazuzählen.

Buchtipp: Hesse / Schrader, *Testtraining 2000plus*. Stark Verlag.

Auch wenn Testanwender gerne suggerieren, man könne sich nicht auf ihre Tests vorbereiten, seien Sie versichert: Sie können es! Unsere Vorbereitungsbücher helfen dabei: Übung macht den Meister!

Drei Aspekte für die richtige Vorbereitung

> Die emotionale,
> die intellektuelle und
> die organisatorische Vorbereitung.

Was bedeutet das?

Machen Sie vor allem Ihr Selbstwertgefühl nicht von diesen Testergebnissen abhängig. Von wissenschaftlicher Seite wird der Ableitung und Vorhersagbarkeit von Testerfolg auf Berufserfolg sogar entschieden widersprochen. Das Testresultat ist kein „Gottesurteil" und sagt absolut nichts über Ihre Intelligenz, Ihre wirkliche Leistungs- und Konzentrationsfähigkeit, Ihren Wert als Mensch und über Ihre angebliche (Nicht-)Eignung für eine bestimmte Position aus. Diese Anmerkung gilt übrigens für das gesamte AC-Verfahren!

Ganz wichtig ist das Sammeln von Informationen über Tests und Auswahlverfahren bei für Sie infrage kommenden Arbeitgebern. Besorgen Sie sich entsprechende Literatur, üben Sie diese Tests und lernen Sie, die Prinzipien zu durchschauen (siehe Tipp 100).

> Nutzen Sie die Zeit der Aufgabenerklärung zu Beginn der Tests: Verdeutlichen Sie sich das Aufgaben- und Lösungsschema, versuchen Sie, sich an ähnliche, bereits gelöste Aufgaben aus Testtrainingsbüchern zu erinnern. Fragen Sie den Testleiter bei Unklarheiten, solange dazu Gelegenheit besteht.

> Arbeiten Sie so schnell wie möglich, mit einem sinnvollen Maß an Sorgfalt.

> Beißen Sie sich nicht an schwierigen Aufgaben fest, Sie verlieren sonst wertvolle Bearbeitungszeit für andere, vielleicht viel leichtere Aufgaben. In der Regel sind Testaufgaben mit steigendem Schwierigkeitsgrad angeordnet.

> Sind verschiedene Antwortmöglichkeiten vorgegeben, wenden Sie bei Zweifeln bezüglich der richtigen Lösung die folgenden Strategien an:

> Versuchen Sie, falsche Lösungen zu eliminieren, um so die richtige „einzukreisen" (Ausschlussstrategie). Es ist leichter und Erfolg versprechender, unter zwei verbleibenden Möglichkeiten auszuwählen als unter mehreren.

> Raten Sie notfalls lieber, anstatt gar nichts anzukreuzen.

Unter **www.pearson.de/onlinecontent** finden Sie weitere Testaufgabenbeispiele.

Die körpersprachliche Kommunikation wird gemeinhin leichtfertig unterschätzt. Dabei werden etwa 60 Prozent unseres Eindrucks von einer Person durch die Äußerlichkeiten bestimmt, etwa 30 Prozent durch die Art, wie etwas gesagt wird, und nur etwa 10 Prozent macht das inhaltlich Gesagte aus.

Körpersprache und andere Details

Mit der Körpersprache drücken wir unseren Gefühlszustand aus. Den meisten Menschen ist gar nicht bewusst, dass sie mit dem Körper genauso deutlich kommunizieren wie mit Worten. Erhobener Zeigefinger, hochgezogene Augenbrauen, gerümpfte Nase und eine in Falten gelegte Stirn geben aber sehr deutliche Signale. Wer die Hände im Schoß faltet oder hinter dem Kopf verschränkt, signalisiert seiner Umwelt bewusst oder unbewusst etwas. Nur was, ist die Frage.

AC-Beobachter hantieren gerne mit Listen, aus denen sie schnell ablesen können, was eine bestimmte Haltung, Geste, Mimik usw. angeblich für eine Bedeutung hat.

Im Wesentlichen geht es um:
> Blickverhalten
> Gesten
> Mimik
> Körperhaltung
> Sprechweise
> Geruch

Ob die Körpersprache wirklich so einfach zu interpretieren ist, sei dahingestellt. Sie sollten jedoch wissen, dass auch Ihre nonverbale Kommunikation bewertet wird, und daher in der AC-Situation verstärkt auf Ihre körperlichen Signale achten.

Folgende Aufstellung zeigt, wie das Blickverhalten bewusst oder unbewusst interpretiert wird:

Körpersignal	Bedeutung
Augen betont weit offen	Aufmerksamkeit, Aufnahmebereitschaft, Sympathie, Weltoffenheit signalisierend, Flirtverhalten
verengte Augenöffnung	Konzentration, Entschlossenheit, Eigensinn, Kleinlichkeit, überkritische Haltung
zugekniffene Augen	Abwehr, Unlust
gerader Blick	Offenheit, Gewissensreinheit, Vertrauen
schräger Blick	abschätzende Zurückhaltung
häufiger Blickkontakt	Sympathie
häufiges Wegsehen	mangelnde Sympathie oder Verlegenheit
auffällig häufiger Lidschlag	Unsicherheit, Befangenheit, evtl. nervöse Störung

Welche Sprache sprechen Ihre Hände, was zeigen Ihre Bewegungen? Gestik wird folgendermaßen „verstanden": Hier ein Auszug:

Geste	Bedeutung
übertrieben kräftiger Händedruck („Knochenbrecher")	Rücksichtslosigkeit, Angeberei
kräftiger Händedruck ohne Übertreibung	Aufrichtigkeit, Sicherheit
schlaffer Händedruck („tote Hasenpfote")	Unsicherheit, kontaktarm, leicht beeinflussbar
Hand vor den Mund halten – während des Sprechens – nach dem Sprechen	 Unsicherheit will das Gesagte zurücknehmen
Sprecher hält Armlehnen mit beiden Händen fest	Aggressivität, aber etwas unsicher, neigt zur Weitschweifigkeit
Kopf auf die Hände gestützt	Nachdenklichkeit, Erschöpfung, Langeweile
Spitzdach mit den Händen formen	Arroganz, Abwehr gegen Einwände
Hände reiben	Selbstgefälligkeit, Selbstzufriedenheit
spielende Hände	Zeichen von Erregung, Nervosität, Befangenheit, Angst, Verwirrung
Anfassen der Nase	Nachdenklichkeit, kritische Haltung, Verlegenheit
über den Hinterkopf streichen, Zupfen an den Ohren	Verlegenheit, Unbehagen, Ärger
Streichen des Kinns	Nachdenklichkeit, Zufriedenheit
Finger zum Mund nehmen	Verlegenheit, Unsicherheit

150

Auch die Mimik hat zweifelsohne ihre Bedeutung. Jedes Kind weiß, dass ein verspanntes Gesicht, ein verkniffener Mund, feistes Grinsen Alarmzeichen sind.

Fest steht, dass Sie Pluspunkte sammeln, wenn Sie Ihr Gegenüber freundlich ansehen (nicht grinsen!). Ein natürliches Lächeln hinterlässt mit Sicherheit eine bessere Wirkung als ständig nach unten hängende Mundwinkel, die eher auf Desinteresse, schlechte Laune oder starke Verunsicherung schließen lassen

Mimik	Bedeutung
offenes Lächeln	offene Heiterkeit, uneingeschränkte Mitfreude
gequältes Lächeln	ironisch, schadenfroh, blasiert, ängstlich
überwiegend geöffneter Mund	Mangel an Selbstkontrolle
zusammengepresster Mund	Zurückhaltung, Reserviertheit, Verkniffenheit, Kontaktarmut
Mundwinkel nach unten	Bitterreaktion, Pessimist, depressiv
Mundwinkel nach oben	Aktivität bis Abwehr
Heben der Augenbrauen	Ungläubigkeit oder Arroganz

Folgendermaßen werden diese Körpersignale bewertet: Hier ein Auszug:

Körpersignal	Bedeutung
Achselzucken, Handflächen nach außen	passive Hilflosigkeit
übereinandergeschlagene Beine zum Gesprächspartner hin	Aufbau eines Sympathiefeldes
vom Gesprächspartner weg	Ablehnung, Unwillen
übergeschlagene Beine, Knie in die Hand gestützt	kritisch, skeptisch
dicht aneinandergestellte Füße beim Sitzen	schuldhafte Ängstlichkeit, Einzelgänger, überkorrekte Grundeinstellung
breit auseinanderklaffende Beine beim Sitzen	sorglose Unbekümmertheit, Rücksichtslosigkeit
friedlich ruhende Sitzhaltung	Selbstsicherheit, aber auch robuste Unbekümmertheit, seelische Erschöpfung
alarmbereite Sitzweise (auf dem Sprung sein)	Mangel an Selbstvertrauen und Sicherheit, auch Misstrauen, innere Unruhe, Angst
Füße um die Stuhlbeine legen	Unsicherheit, Suche nach Halt
Füße nach hinten nehmen	Ablehnung
mit den Füßen wippen	Arroganz, Ungeduld, Sicherheit, Aggressivität
steife, militärische Körperhaltung, geziert aufrecht	Unterdrückung von Angst
breitbeinig dastehen, Daumen in den Achselhöhlen	Selbstsicherheit

Und auch dazu ein paar Hinweise:

Sprechweise	Bedeutung
lautstarke Stimme	Vitalität, Selbstbewusstsein, Kontaktfreude, aber auch Unbeherrschtheit, Geltungsdrang
leise, flüsternde Stimme	Schwäche, mangelndes Selbstbewusstsein, aber auch Sachlichkeit, Bescheidenheit
schnelles Sprechtempo	Impulsivität, Temperament, aber auch ungezügelt, nervös
langsames Sprechtempo	Antriebsschwäche, aber auch Sachlichkeit, Besonnenheit, Ausgeglichenheit
wechselndes Sprechtempo	Unausgeglichenheit
ausgeprägte Pausengestaltung	Disziplin, Selbstbewusstsein
starke Akzentuierung	Lebhaftigkeit, Gefühlsstärke
schwache Akzentuierung	Desinteresse, mangelnde geistige Flexibilität

Selbstverständlich haben all diese Dinge eine Bedeutung. So weiß man z. B., dass Bartträger es bei Assessment Centern und Vorstellungsgesprächen schwerer haben als bartlose Kandidaten. Der Bart scheint etwas zu verbergen bzw. dessen Träger, so die Denkweise, und wer hinauf will in die Höhen der deutschen Wirtschaft, darf (zunächst einmal) keine Anzeichen dieser Art in seine Vorstellung einbringen.

Wir wissen, dass sich der erste Eindruck, den wir von einem anderen Menschen bekommen, in den ersten Sekunden und Anfangsminuten des Zusammentreffens entwickelt. Es ist sehr schwer, diesen rückgängig zu machen oder in eine andere Richtung zu lenken. Achten Sie deshalb darauf, alles zu tun, um einen positiven ersten Eindruck zu hinterlassen. Dazu gehört natürlich auch Ihre Kleidung. Sie sollte modisch, „berufsangemessen" sein. Was das heißt, lässt sich ganz schnell feststellen, wenn Sie sich einmal in dem Unternehmen, bei dem Sie sich bewerben, umschauen. Wie sind dort die Mitarbeiter gekleidet? Geht es formal sehr korrekt zu – die Herren in Schlips und Anzug, die Damen im Kostüm? In anderen Firmen darf es vielleicht lässiger sein, also durchaus der Pullover oder die Bluse ohne Blazer. Trotz aller Lässigkeit sollten Sie aber grundsätzlich auf gewagte Dekolletés oder bis zum Bauchnabel aufgeknöpfte Hemden, die Ihr Brusthaar in voller Schönheit zeigen, verzichten. Informieren Sie sich, welches Outfit angesagt ist. Natürlich muss Ihre Garderobe auch zu Ihrem Typ und Ihrem Alter passen und vor allem gepflegt sein. Wenn Sie zu einem AC reisen, packen Sie auf jeden Fall noch etwas Ersatzkleidung ein, für den Fall, dass Sie sich beim Essen bekleckern, auf der Hinreise in den Regen geraten etc.

Keine Frage – Prüfungssituationen wie das AC regen die Transpiration an. Peinlich, wenn man dann riecht, sich unwohl fühlt und Angst hat, dass Prüfer und Mitstreiter es auch bemerken könnten. Deshalb sollten Sie zum AC nur wirklich frisch gewaschene / gereinigte oder ausreichend gelüftete Kleidung anziehen. Sonst riecht's nach kurzer Zeit unangenehm. Setzen Sie aus Angst vor Schweißgeruch aber auch nicht gleich die große Parfumkeule ein. Ein leichter Hauch ist o. k., aber bitte nicht die halbe Flasche. Sie wollen ja niemanden betäuben. Ganz abgesehen davon wird übermäßiger Parfumgeruch von vielen Menschen als belästigend empfunden. Denken Sie daran, dass Sie selber Ihr bevorzugtes Parfum nicht mehr so stark wahrnehmen wie Ihre Umgebung. Also: Weniger ist mehr. Schließlich wird auch Ihr Geruch bewertet:

parfümiert	→	werbend
überstark parfümiert	→	unsicher, vernebelnd
Schweißgeruch	→	ängstlich, unordentlich

Unter **www.pearson.de/onlinecontent** finden Sie weitere Hinweise zum Thema Körpersprache.

Irgendwann bekommen auch Sie eine Pause zugestanden. Um die Mittagszeit geht es vielleicht sogar in die Kantine und abends kann schon mal ein Dinner oder wenigstens eine angeblich lockere Runde anberaumt werden. Bei all diesen „Veranstaltungen" sind Sie in der Regel unter Beobachtung. Und was, wie und wem Sie etwas sagen, auch wie Sie sich beim Essen oder Small Talk verhalten, kann durchaus von den AC-Beobachtern zur Kenntnis genommen werden und mit in die Beurteilung einfließen. Merke: Bei einem AC ist man quasi immer auf dem Prüfstand, auch in den Pausen.

Verhalten in Pausen, beim Small Talk und Essen

In den Pausen, auch auf der gemeinsamen Fahrt in das wunderschön gelegene Ausbildungszentrum, was immer Sie zwischen erstem und letztem Kontakt während der AC-Veranstaltung tun, sagen etc.: Es kann mit einfließen in die Gesamtbeurteilung Ihrer AC-Leistung. D. h., Sie werden auch in den Pausen beobachtet. Wie reden Sie da – vielleicht ganz anders als in den AC-Übungen? Sind Sie jemand, der auf andere zugeht? Verstehen Sie die Kunst des Small Talks oder gelingt es Ihnen nicht, mit anderen hier und da ein wenig unverfänglich zu plaudern?

Egal ob Sie eine Führungsposition anstreben oder einen Ausbildungsplatz, es sollte Ihnen nicht wahnsinnig schwer fallen, Kontakte zu knüpfen, mit Fremden zu plaudern. Nicht nur in Berufen, die sehr kundenorientiert sind, wird diese Fähigkeit hoch bewertet. Natürlich dürfen Sie aber auch nicht ohne Punkt und Komma reden, sodass die anderen gar keine Chance mehr haben, zu Wort zu kommen. Dennoch macht es sich selbstverständlich gut, wenn Sie derjenige sind, dem es gelingt, peinliche Gesprächspausen durch entsprechende Themen und Fragen zu überbrücken.

Sich überschwänglich zu bedanken, wenn Sie eine Einladung zum Essen erhalten, ist nicht angebracht. Denn ganz gleich, wo und wie es stattfindet – ob nun ganz edel abends in einem Hotelrestaurant oder mittags nur schlicht in der Kantine –, Sie stehen nach wie vor auf dem Prüfstand. Bisweilen werden die AC-Kandidaten sogar explizit aufgefordert, sich mit den Beobachtern am Esstisch zusammenzusetzen. Und wenn angeblich alles vorüber ist und man noch schnell auf ein Glas Bier oder Wein zusammenkommt und aufgefordert wird: „Nun mal ganz unter uns, wie fanden Sie es denn wirklich?", dann drängt sich der Gedanke auf, dass ein AC niemals zu enden scheint und das ganze Leben ein einziger Test ist ...

So sammeln Sie Pluspunkte beim Essens-Small-Talk

Wie wir in Tipp 86 bereits erwähnt haben: Auch oder gerade in Situationen, in denen man Sie nicht direkt befragt – wie eben bei einem solchen gemeinsamen Essen –, stehen Sie unter Beobachtung. Geprüft werden vor allem Ihre soziale Kompetenz und Ihr allgemeines Kommunikationsvermögen. Und deshalb wird sehr genau darauf geachtet, wie Sie sich in einer scheinbar ungezwungenen Umgebung oder Runde verhalten. Wie ist Ihr gesellschaftliches Auftreten und was verraten Sie in gemütlicher Atmosphäre nach ein, zwei Gläschen Wein? Wie klingt Ihr privater Erzählstoff? Erzählen Sie nur von Ihrem Lieblingsfußballclub oder berichten Sie von Ihren Erlebnissen bei Wattwanderungen?

Man achtet darauf, wie Sie gegebenenfalls mit Speisekarte, Messer und Gabel, Kellnern etc. umgehen. Schlingen Sie alles in sich hinein aus Angst, zu kurz zu kommen, oder warten Sie ab, bis alle versorgt sind? Entpuppen Sie sich als schwieriger Vegetarier, dem man gar nichts recht machen kann? Stopfen Sie Ihr Pfeifchen, nachdem Sie als Vorspeise ein Bauernomelette weggeputzt haben? Was machen Sie mit dem Rotweinfleck, den Sie versehentlich beim Einschenken eines Glases verursacht haben? Haben Sie sich zum Abendessen umgezogen, präsentieren Sie sich jetzt im Freizeitlook (Leder, Kaschmir oder Jeans?), oder transportiert Ihre Kleidung die Transpiration angestrengter AC-Arbeitsstunden?

Sie sehen, es gibt viele Fettnäpfchen, in die man bei solch einem „ungezwungenen" Zusammensein tappen kann. Deshalb aufgepasst!

Es gibt einige Fauxpas, die Ihnen beim Essen nicht passieren sollten.

Die häufigsten Fehler (kurzum: schlechtes Benehmen!)

> als Erster wild zugreifen
> den Teller überhäufen
> Schmatz- und Rülpsgeräusche
> Alkohol – es sei denn, der Gastgeber / AC-Veranstalter möchte unbedingt einen Wein oder einen Sekt trinken. Halten Sie aber Maß. Nichts ist peinlicher, als leicht angeheitert ins Plaudern zu geraten und womöglich Dinge zu erzählen, die man doch eigentlich besser für sich behalten sollte.
> den Alleinunterhalter spielen und einen derben Witz nach dem anderen reißen
> andere nicht ausreden lassen
> nicht richtig mit Messer und Gabel umgehen können
> das Essen kritisieren
> nachwürzen, bevor man überhaupt gekostet hat
> das Messer ablecken
> quer über den Tisch greifen, weil man eine Schüssel, ein Gewürz etc. möchte
> Gläser beim Einschenken anheben oder schräg halten (Ausnahme Sekt / Champagner)
> das Glas, obwohl es einen Stiel hat, am Kelch halten
> Kork im Glas mit den Fingern statt mit einem unbenutzten Besteckteil herausfischen
> mit vollem Mund trinken

> Kaffee-/Teetassen mit beiden Händen halten
> die Bedienung unfreundlich behandeln
> usw. usw.

Sind Sie unsicher, was die wichtigsten Benimmregeln betrifft, empfehlen wir Ihnen die Lektüre von entsprechender Ratgeberliteratur mit den wichtigsten Tipps für gutes Benehmen.

Ansonsten gilt: Seien Sie gut vorbereitet auf Fragen zu Hobbys, Lieblingslektüre und -film etc., an angemessenen Konversationsthemen wird es nicht fehlen. Lesen Sie vorher intensiv Zeitungen/Magazine, um genügend Gesprächsstoff zu haben. Aber denken Sie daran: Es geht nicht darum, um jeden Preis im Mittelpunkt zu stehen und die anderen mit einer Informations- und Gute-Laune-Flut zu überschwemmen. Denn genauso wichtig ist es, den anderen aufmerksam zuzuhören.

Entspannen Sie sich nicht zu früh, bleiben Sie aufmerksam und selbstkontrolliert. Auch wenn man Ihnen versichert, jetzt sei das Ende des ACs für Sie erreicht: Es besteht immer noch die Gefahr, dass das, was man Ihnen jetzt sagt, zu dem man Sie nun schlussendlich auffordert, Stellung zu beziehen, Teil des AC-„Spiels" ist.

Ende gut, alles gut?

Das Abschlussgespräch soll das Auswahlverfahren abrunden und von Arbeitgeberseite aus eine gute Abschiedsatmosphäre schaffen. Dazu werden Ihnen u. a. folgende Fragen gestellt:

> Wie haben Sie das AC-Verfahren erlebt?
> Was war in dem AC gut, was schlecht, was sollten wir ändern?
> Wo sehen Sie persönliche Stärken und Schwächen?
> Wie zufrieden sind Sie mit Ihrer Leistung?
> Wie beurteilen Sie Ihre Mitbewerber?

Nach der Befragung gibt es in der Regel eine mehr oder weniger ausführliche Einschätzung vonseiten der AC-Veranstalter und -Beobachter, wie man mit den Leistungen der Bewerber insgesamt und speziell mit Ihrer zufrieden ist. Gewöhnlich wird darauf geachtet, die Kandidaten in freundlich-moderater Weise zu loben. Kritik und Verbesserungsempfehlungen werden eigentlich nur an AC-Teilnehmer adressiert, die bereits zum Unternehmen gehören und sich um einen Aufstieg bemüht haben. Bei diesen lohnt sich das, externe Bewerber dagegen werden immer mit lobenden Worten und natürlich mit allen guten Wünschen für die berufliche Zukunft verabschiedet (siehe auch Tipp 95).

Die Anforderungen für das Abschlussgespräch sind vergleichbar mit denen des AC-Interviews, also:

> Persönlichkeit
> Leistungsmotivation
> Kompetenz

Möglicherweise fragt man Sie auch etwas konkreter nach ...

> Ihren Gehaltsvorstellungen,
> Arbeitswunschkonditionen (Ort, Zeit, Aufgabenschwerpunkt).

Aber machen Sie sich keine falschen Hoffnungen – noch ist nichts entschieden.
Falls vor allem Ihr Gegenüber spricht und Sie kaum zum Zuge kommen, brauchen Sie sich nicht zu wundern. Bisweilen nutzen Firmen das Abschlussgespräch lediglich zur Imagepflege.

Sie sitzen immer noch auf dem „Präsentierteller" und werden nach wie vor genauestens beobachtet. Halten Sie Ihre Rolle weiter durch – so lautet die Devise für das Abschlussgespräch. Selbst einer noch so jovialen Aufforderung (nach dem Motto: „Jetzt, wo alles vorüber ist, können Sie offen sprechen, frei von der Leber weg kritisieren") sollten Sie mit Vorsicht begegnen. Der Test ist noch nicht zu Ende. Dies ist nicht der Moment der Abrechnung oder gar der Entspannung!

Zeigen Sie weiter freundliche Aufmerksamkeit für Ihr Gegenüber. Natürlich müssen Sie sich angemessen selbstkritisch einschätzen und selbstverständlich die eine oder andere AC-Übung loben sowie eine mehr oder minder kritische Bemerkung formulieren, damit man sieht, dass Sie auch das können.

Insbesondere bei Fragen zu Ihren AC-Mitbewerbern kommt es auf Ihr diplomatisches Geschick an. Natürlich bewundern Sie die guten Leistungen, die Eloquenz des einen oder anderen, und sollte sich jemand wirklich bis auf die Knochen blamiert haben, so ist hier der Moment, wohlwollendes persönliches Mitgefühl zu demonstrieren. Machen Sie sich bloß nicht lustig bzw. äußern Sie sich nicht verächtlich über Ihre Mitstreiter, selbst wenn Sie dazu aufgefordert (animiert!) werden.

Und rechnen Sie als Bewerberin im Assessment Center mit ganz speziellen Fragen wie „Und für die Zukunft? Planen Sie eine Familie? Und wie wird das mit dem Nachwuchs?". Diese Fragen, obwohl unzulässig, müssen sich Bewerberinnen gelegentlich immer noch anhören.

Empfehlung

Wenn Ihnen als Bewerberin Fragen wie die obigen gestellt werden, sollten Sie daran denken, dass es laut Bundesarbeitsgericht
– vergleichbar mit dem Begriff der Notwehr – den Sachverhalt der
Notlüge gibt. Darunter ist zu verstehen, dass Sie bestimmte Fragen, die keinen unmittelbaren Bezug zum angestrebten Arbeitsplatz haben (z. B. nach privaten Plänen), in Bewerbungsverfahren
nicht wahrheitsgemäß beantworten müssen, wenn davon auszugehen ist, dass von der Antwort die Vergabe der Position abhängen könnte.

Beantworten Sie also eine solche unzulässige Frage falsch, hat dies
keinen Einfluss auf die Gültigkeit Ihres Arbeitsvertrags (siehe auch
Tipp 59).

Sie sollten Ihre Testergebnisse nicht überbewerten

Die Testergebnisse eines Assessment Centers können nicht wirklich umfassend und endgültig etwas über die berufliche Eignung der Kandidaten aussagen. Ob es überhaupt möglich ist, berufliche Erfolgskriterien eindeutig festzuschreiben und diese in Form von Kandidatenspielen (Aufgaben und Übungen) vorführ- und überprüfbar zu machen, ist sehr fraglich – geschweige denn, valide Verhaltensvorhersagen für die zukünftige Berufsentwicklung daraus abzuleiten.

In der Annahme, dass ein Arbeitsplatz seinem Inhaber ganz bestimmte Eignungs- und Persönlichkeitsmerkmale abverlangt, versucht der AC-Konstrukteur, eben diese herauszufiltern und in von ihm erdachten angeblich realitätsgerechten Übungen zu überprüfen. Bei der Bewerberauswahl für einen Posten als Marktschreier mag das noch recht einfach sein – hier kommt es vor allem auf die Kraft der Stimme an. Bei einer gehobenen Führungsaufgabe mit komplexen Arbeitsabläufen ist es ungleich schwerer, die diversen Erfolgsmerkmale zu bestimmen. Und auch der Marktschreier braucht neben einer lauten Stimme noch andere Eigenschaften, wie z. B. ein ansprechendes Äußeres, Überzeugungskraft usw.

Dass das AC nicht halten kann, was seine Konstrukteure versprechen, haben auch schon einige Unternehmen eingesehen. Infolgedessen ist nach einer Reihe von negativen Erfahrungen die eine oder andere Firma wieder vom AC abgerückt.

Je nach Unternehmen ist es unterschiedlich, wie schnell Sie das Ergebnis mitgeteilt bekommen. In einigen Assessment Centern werden den Kandidaten zwischendurch die Ergebnisse einzelner Testabschnitte mitgeteilt. Möglich ist auch, dass die Gruppen im Verlauf des ACs immer kleiner werden, d. h., diejenigen, die nicht die gewünschten Ergebnisse erzielen, „sortiert" man zwischendurch „aus". Eine andere Variante besteht darin, dass alle Kandidaten bis zum Ende des ACs bleiben und dann nach einer gewissen Wartezeit zum Einzelgespräch gebeten werden, wo man ihnen ihr Ergebnis mitteilt. Andere Unternehmen wiederum schicken die Teilnehmer mit der Aufforderung nach Hause, am nächsten Tag / in der nächsten Woche telefonisch das Testergebnis zu erfragen, oder versenden nach ein bis vier Wochen mehr oder minder freundliche „Absage- / Gute-Wünsche-Briefe".

Die Entscheidungen für oder gegen einen Kandidaten werden nicht immer ausführlich begründet. In einigen Fällen gibt es ein tiefer gehendes Feedbackgespräch, andere Unternehmen teilen nur kurz und knapp das Ergebnis mit. Häufig muss man ausdrücklich um eine detaillierte Rückmeldung bitten.

Der bereits erwähnte Arbeitskreis Assessment-Center e. V. hat sich auch über die Art der Besprechung des Endgutachtens mit den Bewerbern geäußert. So soll beispielsweise die Rückmeldung an die Teilnehmer „in einer Form gegeben werden, die jeder Teilnehmer individuell sinnvoll nutzen kann ... Der Teilnehmer soll spüren, dass er von den Beobachtern sorgfältig, gewissenhaft und mit einer positiven Grundbereitschaft betrachtet wurde; d. h., die Betonung liegt auf den Stärken des Teilnehmers ..." (Hermann-Josef Fisseni/Georg P. Fennekels: *Das Assessment Center. Eine Einführung für Praktiker*. Verlag für Angewandte Psychologie. Göttingen 1995, Seite 154). Das sind wohlgemerkt nur Empfehlungen, was eben leider nicht bedeutet, dass sich alle Unternehmen/Institutionen auch daran halten. Der Arbeitskreis empfiehlt darüber hinaus, die Rückmeldung sowohl schriftlich als auch mündlich zu geben – aber das wird von AC-Veranstaltern nur ganz selten gemacht.

Ein bestandenes Assessment Center bedeutet nicht unbedingt die Garantie auf einen Arbeitsplatz. In manchen Unternehmen/Institutionen wird dem Bewerber nach bestandenem Assessment Center direkt ein Arbeitsvertrag angeboten, bei anderen muss man sich zunächst gedulden, bis das Testergebnis vorliegt (siehe Tipp 94). Waren Sie erfolgreich, folgt möglicherweise noch eine Einladung zu einem Vorstellungsgespräch, und erst dann wird entschieden. Dabei spielen auch die Gehaltsvorstellungen eine entscheidende Rolle.

„Testverfahren sind, sieht man genau hin, ein zu mächtiger Größe aufgeblasener Schwindel", so der Psychologie-Professor Günter Rexilius von der Universität Wuppertal.

Wir können ihm da nur zustimmen. Assessment Center halten nicht, was sie versprechen. Beruflichen Erfolg vom Abschneiden in einem Testverfahren abzuleiten ist wissenschaftlich nicht haltbar.

Arbeitgeber und Personalchefs verwenden häufig Persönlichkeitstests und fragen ungeniert nach Hemmungen, Schlafstörungen, Ängsten und quälenden Schuldgefühlen. Die vorgeschriebene Beschränkung von Test- und Vorstellungsgesprächen auf arbeitsplatzbezogene Fähigkeiten und Leistungsmerkmale wird dabei in der Regel weit überschritten.

Manches, was sich im AC abspielt, erinnert an Pubertäts- und Initiationsriten von Naturvölkern, bei denen die Aufnahme von Jugendlichen in die Erwachsenenwelt vom Überstehen quälender Prozeduren (z. B. Spießrutenlaufen) abhängig gemacht wird. Ähnlich quälende Prozeduren heutiger Arbeitsplatzanbieter zeigen sich nicht nur in der Tatsache, dass für wenige Arbeitsplätze häufig sehr viel mehr Bewerber getestet werden, sondern auch an anderen Punkten: z. B. dem K.-o.-Verfahren, bei dem man nach einem nicht bestandenen Testteil sofort nach Hause gehen kann, oder in der völligen Undurchschaubarkeit der Testsituation sowie besonders in dem enormen Zeitdruck bei der Aufgabenbearbeitung, der die Teilnehmer systematisch ängstigen soll. Tests messen deshalb vor allem die Fähigkeit, Angst zu ertragen, nicht aber – wie durch den Anschein wissenschaftlicher Objektivität vorgetäuscht – intellektuelle Leistungen oder gar Berufseignung.

Insbesondere für Berufseinsteiger kann ein Assessment Center gefährlich sein. Denn die pseudo-objektiven Testverfahren mit ihrem scheinbar wissenschaftlichen Charakter erwecken bei Bewerbern schnell den Eindruck, ein nicht bestandenes AC bedeute, man sei für die Aufgabe, den Beruf zu „dumm", zu „unfähig" etc. Gerade bei jungen, noch nicht durch positive Erfahrungen im Beruf gefestigten Kandidaten kann ein solches Ergebnis deshalb verheerende Auswirkung haben.

Intelligenz-, Konzentrations-, Leistungs- und Eignungstests sind – wie bereits erwähnt – nicht im Entferntesten in der Lage, das zu halten, was sie versprechen. Durchaus anders verhält es sich mit den Persönlichkeitstests, mit einer entscheidenden Einschränkung: Angewandt im klinisch-psychologischen Bereich, d. h. in einer Beratungs- bzw. Therapiesituation zwischen Psychotherapeut und Patient, können sie einen wertvollen Beitrag leisten. Hier, unter ganz anderen Voraussetzungen als in der Berufswelt, haben ausgewählte Persönlichkeitstests eine wirkliche Existenzberechtigung und können für beide, Testanwender und Getesteten, hilfreich sein. Im beruflichen Feld eingesetzt, stellen sie eine wirkliche Bedrohung des Arbeitnehmers dar und sind in jeder Hinsicht psychologisch, moralisch und juristisch verwerflich.

So bauen Sie sich nach einer eventuellen „Niederlage" wieder auf

Verdeutlichen Sie sich immer wieder: Die Ergebnisse im Assessment Center sagen nichts aus über Ihre Eignung für einen Beruf oder auch nur eine zu bewältigende berufliche Aufgabe. Ein AC nicht bestanden zu haben heißt also nicht, dass man seine Berufsziele aufgeben muss. Denn beim AC steckt – wie bei jedem Testverfahren – der Teufel im Detail. Dass es überhaupt nicht möglich ist, Kriterien für den beruflichen Erfolg eindeutig festzuschreiben, und noch schwieriger, diese in Form von Kandidatenspielen vorführ- und überprüfbar zu machen, geschweige denn Verhaltensvorhersagen für die zukünftige Berufsentwicklung daraus abzuleiten, sollte eigentlich jedem schnell einleuchten.

Dass darüber hinaus die AC-Beobachter, die die schwere Aufgabe haben, das gewünschte Verhalten zu erkennen und richtig einzuschätzen, oft überfordert sind, ist ein zusätzlicher Störfaktor, der selbst den mutigsten AC-Konstrukteuren großes Kopfzerbrechen bereitet.

Das Standardwerk der Testkritik kommt in seinem AC-Kapitel zu einem vernichtenden Resümee:

„Bei einer strengen Orientierung an eignungsdiagnostischen Kriterien ist das AC bislang seinen Nachweis, gegenüber herkömmlichen Verfahren ein erheblich verbessertes Prädiktorinstrument zu sein, schuldig geblieben. Weder handelt es sich bei dem AC um eine repräsentative Stichprobe der späteren Arbeitstätigkeit, noch kann sichergestellt werden, dass mit den Übungen tatsächlich die arbeitsplatzbezogenen Fähigkeiten und Einstellungen erfasst werden, die man zu messen behauptet."

(Hanft, A.: Eignungsdiagnostik in Betrieben – Psychologische Testverfahren und Assessment Center als Instrumente der Personal-
selektion. In: Grubitzsch, S.: *Testtheorie – Testpraxis*. Reinbek b. Ham-
burg 1991, Seite 290.)

Ganz abgesehen davon kann es beim AC nicht um die Frage nach
richtig oder falsch gehen, sondern eher um die Frage: Passen Sie zu
dem Unternehmen oder nicht? Und nicht in eine Firma zu passen
sagt nun wirklich nichts Negatives über Sie aus. Manchmal sogar
ganz im Gegenteil … Vielleicht – das ist sicher nur ein schwacher
Trost – können Sie sogar froh sein, noch einmal „davongekommen"
zu sein. Wer weiß, vielleicht wären Sie am Arbeitsplatz in diesem Unternehmen nicht glücklich geworden.

Um sich wieder aufzubauen und sich selbst den Rücken zu stärken,
empfehlen wir die Erlebnisberichte anderer Bewerber zu lesen. Sie
werden sehen, dass viele Kandidaten ganz ähnliche Erfahrungen im
AC gemacht haben.

Unter **www.pearson.de/onlinecontent** finden Sie Erlebnisberichte
und weitere hilfreiche Hinweise.

Der wichtigste Punkt bei der Vorbereitung ist die Einstellung. Versuchen Sie, auch wenn es schwerfällt, das Assessment Center nicht allzu ernst zu nehmen und schon gar nicht die daraus abgeleiteten Aussagen über Ihre Eignung für den Beruf oder eine spezielle Aufgabe. Gehen Sie möglichst unverkrampft ins AC. Immerhin findet man Sie so interessant und unterstellt Ihnen ein gewisses Potenzial, dass Sie zum „näheren Kennenlernen" eingeladen werden. Falls es am Ende nicht klappt, verbuchen Sie das Ganze als zusätzliche Erfahrung. Wenn es gut läuft, umso besser.

Zur Vorbereitung können Sie zwischen verschiedenen Ratgebern wählen. In unseren zahlreichen Testtrainingsbüchern beleuchten wir psychologische, pädagogische und juristische Aspekte. Besonderer Schwerpunkt unserer Veröffentlichungen ist es, dem Leser die wichtigsten Testaufgabentypen praxisnah vorzustellen, um ihre erfolgreiche Bearbeitung auch mittels spezieller Lösungsstrategien trainieren zu können.

Ausführliche Trainingsmöglichkeiten für Intelligenz- und Leistungs-/Konzentrationstests:

Hesse/Schrader: *Testtraining 2000plus. Einstellungs- und Eignungstests erfolgreich bestehen.* Stark Verlag,

Hesse/Schrader: *Testtraining Polizei, Feuerwehr und Bundeswehr.* Stark Verlag,

... sowie unsere speziellen Testtraining-Bücher der exakt-Reihe.

Natürlich können Sie auch entsprechende Seminare besuchen und sich an Karriereberatungen wenden. Für Hochschulabsolventen / Studierende werden an einigen Universitäten Kompaktseminare oder Wochenendveranstaltungen angeboten, bei denen man die wichtigsten AC-Übungen kennenlernt und übt.

Empfehlung

Eine fast kostenlose Trainingsalternative: Bewerben Sie sich bei Unternehmen, die Sie eigentlich gar nicht interessieren, aber von denen Sie wissen, dass sie ACs zur Bewerberauswahl heranziehen. Hier geht es für Sie um nichts, und Sie können „in Ruhe" AC-Aufgaben üben.

Je besser Sie vorbereitet sind, desto lockerer können Sie mit einem echten AC umgehen. Auch wenn AC-Veranstalter – aus verständlichen Gründen – immer behaupten, man könne ein AC nicht trainieren, sollten Sie zur eigenen Sicherheit nicht auf die Vorbereitung verzichten. Und außerdem: Manche Unternehmen erwarten sogar, dass sich Bewerber kundig gemacht haben. Denn das sagt auch über Sie als Person etwas aus. Wenn Sie völlig unvorbereitet an diese Aufgabe herangehen, könnte man annehmen, dass Sie am Arbeitsplatz ähnlich unprofessionell agieren.

Trainieren Sie also ruhig die einzelnen Übungen, aber versuchen Sie nicht, sich total zu verbiegen. Sie wären auf Dauer sicher nicht glücklich in einem Beruf, in dem Sie nie so sein könnten, wie Sie wirklich sind.

Was Sie noch wissen sollten ...

Das Autorenteam Hesse/Schrader ist seit fast 30 Jahren auf dem Sektor der Bewerbungsratgeber sowie zu weiteren Themen aus der Arbeitswelt publizistisch tätig. Am Anfang stand die erstmalige Veröffentlichung von sogenannten Intelligenztests sowie deren kritische Reflexion.

Beide Autoren verfügen über eine langjährige Erfahrung als Seminarleiter bei Test- und Bewerbungstrainings. 1992 gründeten sie in Berlin das *Büro für Berufsstrategie*, das Arbeitnehmer in allen erdenklichen beruflichen Fragen berät und unterstützt.

In der Ratgeber-Reihe „Beruf & Karriere exakt" präsentiert das Autorenteam Ihnen die wichtigsten Bewerbungsthemen in kompakter Form: die verschiedenen Formen der schriftlichen Bewerbung, das Vorstellungsgespräch, Arbeitszeugnisse sowie zahlreiche Spezialbücher zur Vorbereitung auf Eignungs-, Einstellungs- und Auswahltests. Als Leser der Reihe haben Sie die Möglichkeit, Zusatzmaterialien zum Buch auf der Seite **www.pearson.de/onlinecontent** kostenlos herunterzuladen.

Die Autoren wünschen Ihnen viel Erfolg auf dem Weg zum neuen Job!

Stichwortverzeichnis

Notizen

Notizen

Notizen